超簡單

圖解

微積分

マンガでわかる微分積分

√ (小島寬之 /著) (株式會社 Becom /漫畫製作)

十神真 /作畫 ＋ 林羿妏 /譯

※本書原名《世界第一簡單微積分》，現易名為《超簡單圖解微積分》

前　言

──正因為是漫畫所以可以輕鬆理解──

現在，打開這本書的你。我想你一定屬於以下兩種類型之一。

第一種是非常喜歡漫畫，猜想「以漫畫學微積分是什麼感覺，而興奮不已。」的類型。若你是這種類型，請馬上把這本書拿去收銀台結帳吧！因爲它絕對不會讓你失望。這本書「單純以漫畫而言」就已經極爲有趣。因爲它不僅是由暢銷漫畫家十神眞所繪製，連劇情也是由專門的漫畫製作公司Becom所構思，品質足以刊載在漫畫雜誌上。如果你曾經因爲看《美味大挑戰》而學做菜；因爲《棋靈王》而愛上圍棋；還有因爲《危險調查員》而萌生對考古學的興趣，那麼，我保證你會因爲這本書而愛上微積分。

你也許會懷疑地說：「雖然有這麼專業的陣容製作此書，但以往並沒有有趣的漫畫數學書吧！」沒錯。事實上，當日本歐姆社的編輯者來找我洽談本書的構想時，起初我也拒絕了。因爲世面上「看漫畫學……」的書籍，只因名爲漫畫，所以內容大多充滿插圖、圖畫又大，多爲虛有其表的書籍。然而，看了日本歐姆社帶來的樣本《世界第一簡單統計學》後，我的觀念大爲轉變。這本書和一般的書籍不同，即使把它當做漫畫來讀也很有趣。它不光以插圖說明，甚至還具備了故事性，令讀者能夠輕鬆閱讀。編輯者告訴我本書亦將以故事性來呈現，因此我接受了這個提案。其實，從很久以前，我便有著「如果是漫畫就用這樣的風格來教學」的想法，所以當時我認爲是實行這個想法的好機會。我可以保證，如果你對漫畫的要求越高，越能享受本書。所以快去結帳吧！

第二種類型是屬於「雖然對微積分感到厭惡或困難，但若是漫畫的話，應該多少可以學會吧！」有此想法而拿起本書的讀者。若你屬於這種類型，隨後就交給我吧！沒錯。你的直覺是正確的。你眞是太幸運了。本書讓對微積分感到頭痛的人準備了許多訓練。換句話說，不光是

「以漫畫來作說明」，也會以微積分的「教學方法」來教授微積分的技巧，這點也和以往的書籍截然不同。

首先，本書也涵蓋了關於「微積分到底用在何處？」的問題。這個問題若執著於用「極限」（或 $\varepsilon - \delta$ 論法）來教學，對方絕對無法理解。只要無法想像微積分能用在何處，勢必無法好好理解及應用。最後就會變成「只好死背」的無奈結果。本書在談「極限」時，便僅限於極限，而所有的公式都以「一次近似」的想法爲依據。你應該能逐漸了解原來「公式的意義」。此外，拜教學方針的變更所賜，你可以順利且迅速地從微分進階到積分。不僅如此，像三角函數和指數函數等，聽了幾次還是一頭霧水的部分，作者以普通教科書沒有教授的獨門手法作爲攻略。另外，本書也收錄泰勒展開式及偏微分的部分。因此，本書較以往的漫畫書更具內涵。最後，微積分經常運用於物理學、統計學及經濟學三大領域，這足以作爲「微積分眞的太實用了」的證明。所以對你而言，微積分不會是門頭痛的學問，反而會變成便利的工具吧！

眞抱歉我這麼嘮叨，但這就是「正因爲是漫畫，所以可以輕鬆理解」的原因。試想爲何讀完一冊漫畫後，可取得比讀完一本小說更多的情報。其理由爲漫畫是視覺化的資料，再加上其爲「動畫」。所謂的微積分便是「記述動態現象」的數學。因此，以漫畫來教學眞是再適合不過了。

那麼，請隨著這些頁面來閱讀漫畫和數學絕妙的結合吧！

小島 寬之

函數是什麼？

序章　函數是什麼？

這是
報社嗎？

算田町支社……
是地圖畫錯了吧！

在隔壁哦！

算田町支社對吧？
大家都會弄錯，因
爲販賣部比較大。

3

淺賀家報社
算田町支社

淺賀家報社
算田町支社

不會吧！

這不是組合屋嗎？

即使是支社，這裡還是眞正的淺賀家報社。

不行……不能因爲這樣就意志消沈哦！沒辦法嘛！因爲是支社嘛！

4

如果是外送，
請放到那邊……

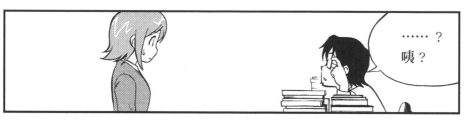

……？

咦？

妳是今天來報
到的新人嗎？

你好，我是
引間乘子。

來到這裡很遠
吧！我是支社
長，我叫關。

那個大個子叫
增井，是我唯
一的下屬。

呼～

原來只有
兩人……

6

這裡可是個好地方哦！有很適合思考的環境。

思考？

是的！思考事實。

某些事實和其他事實存在的某種關係。

若不能先理解這種關係，就無法做出真實的報導。

真實的報導！

眼睛一亮

嗯。引間,你是文組的吧!

是的!從高二開始就一直是念文組的。

那麼,先來了解一下函數吧!

咦?函……函數?

若某事轉變,則另一件事也會發生轉變。所謂函數就是指這之間的相關性。

這世上充滿了函數哦!

函數原本是用來記述「關係」、「因果」、「變化」、「單位轉換」的工具。

而所謂的「因果」不就正是從結果追究原因的記者精神嗎?

……什麼呀!

妳知道函數經常以 $y = f(x)$ 的式子來表達嗎？

不知道！

例如，將 x 和 y 設爲動物。

將 x 設爲青蛙。如果將青蛙放入 f 的箱子中，經過轉變後就會變出蝌蚪 y。

那麼，請問 f 是什麼呀？

f 所代表的是英文函數 function 的 f。function 還有「功能」和「運作」的意思哦！

當我們給 x 某個規則與關係，希望藉此導出 y 時，就會使用 f。

函數

function

其實用哪個字母表示都可以喔！

像這種情況下的 *f* 就用來表達「父母」與「子女」間的關係和規則。

你的意思是說，如果 *x* 是青蛙，那麼 *y* 就是蝌蚪囉！

OK！那麼請妳稍微看一下這個。

攤開

重新審視薪資所得扣除的狀況

例如，所得和消費的關係也可以用函數來看。

你是說，獎金增加的話，百貨公司的營業額也會增加等類似情況。

金氏世界紀錄9.6馬赫
超音速機 X43A

音速和氣溫也可以用函數來表示哦！我們可以說每上昇 1℃就加快 0.6m/秒。

山上的氣溫也是每向上 100 公尺，就會下降約 0.5℃。

呀喝

因為在這邊的生活很悠閒，所以可以慢慢思考這些事情。

如何？
我們的生活中確實充滿函數吧！

沒錯！

現在思考的事情也許某天會派上用場也說不定。

雖然是小小的支社，無論如何也請妳多努力！

好、好的！

咚～

哇啊

11

好痛啊……

你還好吧？

咦？外送的人已經來啦！我的親子丼在哪裡？

增井，外送的人還沒來，這個人是……

轉身

還沒來呀？等外送的人到了再叫我吧！呼～

增井先別睡呀！這個人從今天開始就是……

不安

……外送來了嗎？

還沒。

呼～

■表 1　函數的特徵

記述例	計算式	圖表例
因　　果	溫度 x°C時，蟋蟀一分鐘內鳴叫的次數為 y 次/分 溫度為 x°C時， 蟋蟀 1 分鐘內鳴叫的次數約為 y 次/分 以 $y = g(x) = 7x - 30$ 來表示 　　　　↑　　　　↓　（此處試著使用 $g(x)$） 　$x = 30$°C　$7 \times 30 - 30$ 　　　　　　1 分鐘內鳴叫 180 次	繪成圖形， 則形成直線 （一次函數）
變　　化	x°C的空氣中，音速為 y m/秒 以 $y = v(x) = 0.6x + 331$ 來表示 15°C時 $y = v(15) = 0.6 \times 15 + 331 = 340$ m/秒 -5°C時 $y = v(-5) = 0.6 \times (-5) + 331 = 328$m/秒	
單位轉換	將華氏 x（°F）轉換為攝氏 y（°C） $y = f(x) = \dfrac{5}{9}(x - 32)$ 　　　　↑　　　↓ $x =$ 華氏 50°F　$\dfrac{5}{9}(50 - 32)$ → 則得攝氏 10°C	
	電腦是以二進位（0,1）形式來處理資訊， x 位元可表示出資訊量 y，則 $y = b(x) = 2^x$ （第 4 章第 130 頁中將會教授）	繪成圖形， 則形成指數函數

繪成圖形時，有些函數無法以直線或是特定形狀之曲線來表達。

2005 年 x 月 A 公司的股價

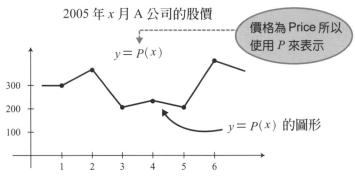

$y = P(x)$

價格為 Price 所以使用 P 來表示

$y = P(x)$ 的圖形

$P(x)$ 雖然無法以已知的式子來表達，但它確實為函數。
到了 7 月時，$y = P(6)$，則可畫出已知的圖形。
如果在 5 月時，已知 $y = P(6)$，則可大撈一筆 !!

我們將函數的結合稱為「函數的合成」。藉由函數的合成可使因果關係往更廣泛的範圍發展。

$$x \rightarrow \boxed{f} \rightarrow f(x) \rightarrow \boxed{g} \rightarrow g(f(x))$$

f 和 g 的合成函數※。

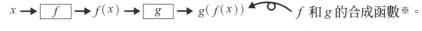

序章 練習問題

1. 請算出華氏 $x°$F時，蟋蟀 1 分鐘內鳴叫的次數 z 次/分。

※合成函數：Composition Function。

第 1 章

微分即為
簡化函數

町

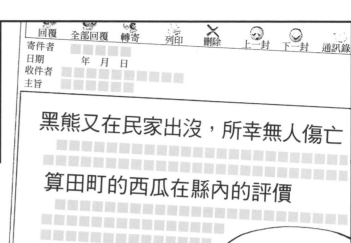

黑熊又在民家出沒，所幸無人傷亡

算田町的西瓜在縣內的評價

每天就只會傳送
這種新聞嗎？

這類平凡的報導
也不能隨便放棄
哦！這些都含有
人生哲理……

我想做的是像
政治、外交、
世界經濟等，

這類的動態性
報導！

啊～那是不
可能的啦！

打擊

這裡怎麼可能會有各國領袖高峰會議呀！

在這裡時間彷彿都終止了。

難道我只能在這裡做這種無聊的工作嗎？討厭～

引間，妳只要在這裡累積經驗就好啦！

因為今後妳也不知道會朝哪個領域發展。

在妳達到總公司的標準前，我會好好地鍛鍊妳。

話說回來，妳認為日本會持續不景氣嗎？

以目前的情況看來，似乎如此。

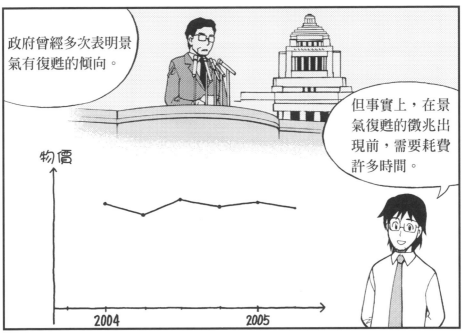

政府曾經多次表明景氣有復甦的傾向。

但事實上，在景氣復甦的徵兆出現前，需要耗費許多時間。

物價

2004　　　　　2005

首先，身為記者，最重要的是掌握「想要知道的是什麼」。

我有不祥的預感。

19

所以，當妳欲尋求想知道的事物時，就可以用易於理解的函數來近似描述，即可看清事物。

所謂一次函數就是
$$y = ax + b$$

又是數學。

目前我們最想知道的是，物價會上漲還是下跌這件事。

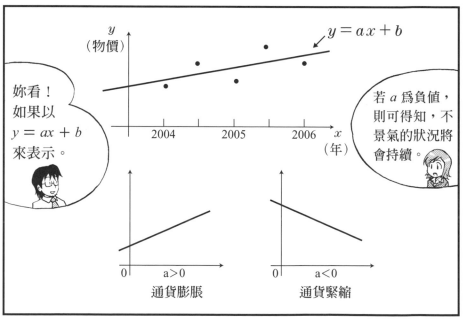

妳看！
如果以
$y = ax + b$
來表示。

$y = ax + b$

y（物價）

2004　2005　2006　x（年）

若 a 為負值，則可得知，不景氣的狀況將會持續。

通貨膨脹　$a > 0$

通貨緊縮　$a < 0$

嗯。
領悟力
真好！

那麼，接下來就
到義大利餐廳繼
續聊吧！

痛苦

增井，我們出
去一下。
別吃太多零食
呀！

說到零食，你知道出
版暢銷減肥書的男偶
像演員 K 嗎？

知道。

不過他現在復胖,而且是急速增肥,對吧!

雖然經紀公司提醒他要注意,

我早就過了體重增加的高峰期。

當K這麼回答時,妳猜經紀公司想知道的是什麼嗎?

應該是是否真如K所說,體重增加的速度已趨緩吧?

答對了。此時,我們以 $y = ax^2 + bx + c$ 來套套看。

$$y = ax^2 + bx + c$$

體重

70 kg

8日 9日 10日 11日 12日

體重

70 kg

8日 9日 10日 11日 12日

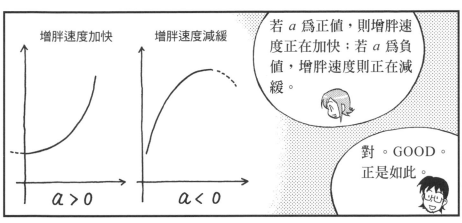

增胖速度加快　　　增胖速度減緩

$a > 0$　　　$a < 0$

若 a 為正值，則增胖速度正在加快；若 a 為負值，增胖速度則正在減緩。

對。GOOD。正是如此。

轉彎

這一帶很偏僻，所以有許多急轉彎的路段。

對了。你一定很想知道曲線的彎曲程度吧！

沒有，我並不想知道。

你只要把它們想成趨近於圓即可。

……

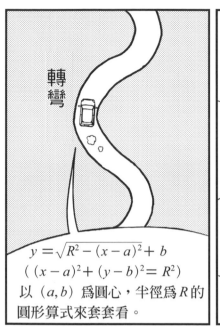
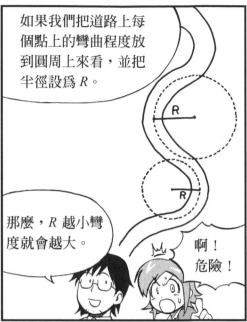

前面那邊就是我們要去的義大利餐廳……

什麼？還那麼遠！

哦！

靈機一動

我們把這個事故現場設為 P 吧！

什麼？

義大利餐廳

P　事故現場

接著，假設我們將這條道路用一把大刀切下。

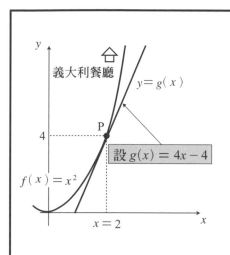

義大利餐廳

$y = g(x)$

P

4

設 $g(x) = 4x - 4$

$f(x) = x^2$

$x = 2$

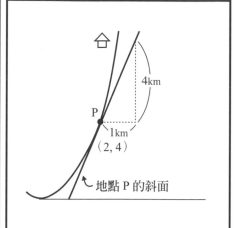

P

4km

1km

$(2, 4)$

地點 P 的斜面

當 $y = x^2$，且 $x = 2$ 時，
近似一次函數為
$y = g(x) = 4x - 4$。
若想要了解什麼，我們可以使用
這個式子。假設這個坡度為一個
斜面。

※理由請參見第 29 頁

我們從現在的所在位置
P，朝水平方向走1公里，
就會有如登上4公里高的斜
坡般。（雖然實際上並非
如此）

喂！增井？
我們發生意外了。
請來幫我們一下。

地點？
地點就是 P。

如果想要知道支
社長腦袋在想什
麼，該用什麼來
近似描述呢？

2　來分析其誤差率

在等待救援的期間，我們來談談誤差率吧！因為它也是一個重點。

誤差率？

誤差率就是以 x 為起點變化時，$f(x)$ 和 $g(x)$ 的值的差異佔了 x 變化程度的百分比。
也就是說——

$$誤差率 = \frac{(f \text{ 和 } g \text{ 的差異})}{(x \text{ 的變化})}$$

正是如此。

管他什麼差異都沒關係。我只想趕快吃到義大利菜。

對了！
例如那個！

拉麵定食

拉麵算田

拉麵　拉麵

…？
拉麵店？

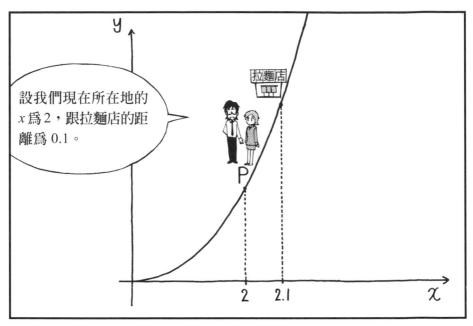

設我們現在所在地的 x 為 2，跟拉麵店的距離為 0.1。

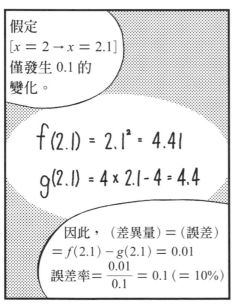

假定
$[x = 2 \rightarrow x = 2.1]$
僅發生 0.1 的變化。

$f(2.1) = 2.1^2 = 4.41$

$g(2.1) = 4 \times 2.1 - 4 = 4.4$

因此，（差異量）＝（誤差）
$= f(2.1) - g(2.1) = 0.01$
誤差率$= \dfrac{0.01}{0.1} = 0.1\,(= 10\%)$

接下來，假設我現在站的位置為 2.01

我們將
$[x = 2 \rightarrow x = 2.01]$
變化設為 0.01。

誤差 $f(2.01) - g(2.01) = 4.0401 - 4.04 = 0.0001$

誤差率

$$\frac{0.0001}{0.01} = 0.01$$
$$= [\,1\,\%\,]$$

與拉麵店相比，
誤差率較小。

也就是說，越接近
事故現場，$g(x)$ 和
$f(x)$ 就越接近。

若變化量 → 0，則誤差率 → 0

x 為 2 起的 變化量	$f(x)$	$g(x)$	誤差	誤差率
1	9	8	1	100%
0.1	4.41	4.4	0.01	10%
0.01	4.0401	4.04	0.0001	1%
0.001	4.004001	4.004	0.000001	0.1%

0

0

要說合理，聽起來還蠻理所當然的！

真厲害！這樣你不就理解微分係數了嗎？

那麼，誤差率最小的店是……

……拉麵店。

你不會直接說要去拉麵店吃飯就好嗎？

好的。今天就暫且去離地點P最近的拉麵店。

- 所謂的近似一次函數，指的是和原本的函數之誤差率局部為 0 者。
- 因此，關於局部的性質，即使使用近似一次函數代替原本的函數，也可導出正確的結論。
- 具體的計算請參見第 39 頁。

拉麵算田

拉麵　拉麵

嘶
嘶
嘶

爲什麼來救援的增井吃最多呀？

新貓上市

發呆

啊～眞想吃義大利菜呀！雖然我也蠻喜歡拉麵啦！

引間，關於無意間收看的電視廣告的費用相對效果，我們也可以用剛才的近似計算來估計哦！

咦？

3　生活中也能活用的函數

妳應該聽過飲料大廠S公司吧！

S公司的社長為了提昇自家人氣商品的利益，而用近似計算來決定增減廣告時間。

是哦……

我想起來了，我還在總公司時，能夠解開這個問題的只有一人，那個人現在可是幹勁十足的……

我要學！我會努力！請告訴我吧！

定食 680

煎餃　地獄拉　叉燒

設飲料大廠S公司一個月的電視廣告播放時間為 x，而已知由 x 小時的廣告效果所提昇的商品銷售利益為 $f(x) = 20\sqrt{x}$ 億日圓。

32

現在因為S公司一個月播放4小時的廣告，

由此可知，
$f(4) = 20\sqrt{4} = 40$ ，
可提昇40億日圓的利益。

此廣告播放的契約金額為每分鐘一千萬日圓。

1 分鐘廣告＝ 1,000 萬日圓

啊！
一千萬日圓？

$$f(x) = 20\sqrt{x} \text{ 億日圓}$$
$$\text{一分鐘廣告 } 1,000 \text{ 萬日圓}$$

那麼，我們假設新上任的社長決定重新審視廣告播放時間。他正在考慮要增加或減少廣告播放時間。

嗯

※切線的計算（請參見第 39 頁的導函數說明）

相對於 $f(x) = 20\sqrt{x}$，$f'(4)$ 為

$$\frac{f(4+\varepsilon) - f(4)}{\varepsilon} = \frac{20\sqrt{4+\varepsilon} - 20 \times 2}{\varepsilon} = 20\frac{(\sqrt{4+\varepsilon}-2) \times (\sqrt{4+\varepsilon}+2)}{\varepsilon \qquad \times (\sqrt{4+\varepsilon}+2)}$$

$$= 20\frac{4+\varepsilon-4}{\varepsilon(\sqrt{4+\varepsilon}+2)} = \frac{20}{\sqrt{4+\varepsilon}+2} \quad (\stackrel{\wedge}{\times})$$

若 $\varepsilon \to 0$，則分母 $= \sqrt{4+\varepsilon} + 2 \to 4$，而 $(\stackrel{\wedge}{\times}) \to \frac{20}{4} = 5$

因此，近似一次函數 $g(x) = 5(x-4) + 40 = 5x + 20$

x 的變化量若爲 1 小時之類的大數字，則 $f(x)$ 和 $g(x)$ 的差異就會過大而不能採用。現實生活中，廣告的播放時間之增減都是以非常小的時間單位在進行哦！

嗯

例如，考慮用 6 分鐘（ = 0.1 小時）來增減時，因爲變化較小，所以誤差率也小，因此這個近似是可以使用的。

步驟 3

$x = 4$ 小時左右，可將 $f(x)$ 大略視爲 $g(x) = 5x + 20$。

$g(x)$ 中 x 的係數爲 5 則表示每增加 1 小時的播放時間會提昇 5 億日圓的利益。那麼如果將變化量縮小爲 6 分鐘（ = 0.1 小時）的話？

可以得知，增加 6 分鐘，利益大約增加 $5 \times 0.1 = 0.5$ 億日圓。

$5 \times 0.1 = 0.5$

沒錯。不過增加 6 分鐘的廣告時間，需要花費多少錢呢？

廣告費要花 $6 \times 0.1 = 0.6$ 億日圓……

反之，減少 6 分鐘的廣告，利益大約會減少 0.5 億日圓。所以只要不付 0.6 億的廣告費就好了。

所以答案就是……
減少廣告支出！

答對了！

實際上，在社會上工作
的人們，可以將函數應
用到職場上或生活上等
各種情況下呢！

無論是有意識的、
無意識的，的確經
常使用到！

話說回來……剛才你說
總公司中唯一能解開那
個問題的人到底是誰？

他……
就是增井。

嘶 嘶 嘶

驚訝

什麼！

但、但是剛才
你不是說幹勁
十足的……

幹勁十足的
支社員。

我還以為解開了這個
問題，我也可以成為
幹勁十足的媒體人。

唉

瞪

拖

!?

4 近似一次函數的求法

請求出當函數 $f(x)$ 中的 $x = a$ 時，近似一次函數 $g(x) = kx + l$。

求出斜率 k 即可。

$$g(x) = k(x - a) + f(a) \qquad (g(x) \text{ 在 } x = a \text{ 時和 } f(a) \text{ 一致}) \cdots\cdots\text{Ⓐ}$$

接下來，試著計算從 $x = a$ 變化到 $x = a + \varepsilon$ 的誤差率。

$$(\text{誤差率}) = \frac{(\text{變化後 } f \text{ 和 } g \text{ 的差異})}{(x = a \text{ 的變化量})}$$

$$= \frac{f(a + \varepsilon) - g(a + \varepsilon)}{\varepsilon}$$

$$= \frac{f(a + \varepsilon) - (k\varepsilon + f(a))}{\varepsilon} \quad \longleftarrow \quad \boxed{\begin{array}{l} g(a + \varepsilon) = k(a + \varepsilon - a) + f(a) \\ \qquad = k\varepsilon + f(a) \end{array}}$$

$$= \frac{f(a + \varepsilon) - f(a)}{\varepsilon} - k \underset{\varepsilon \to 0}{\to} 0 \quad \longleftarrow \quad \boxed{\varepsilon \text{ 趨近於 } 0 \text{ 時，誤差率也趨近於 } 0}$$

$$k = \lim_{\varepsilon \to 0} \frac{f(a + \varepsilon) - f(a)}{\varepsilon} \quad \longleftarrow \quad \boxed{\varepsilon \to 0 \text{ 時，} \frac{f(a + \varepsilon) - f(a)}{\varepsilon} \text{ 趨近值為 } k}$$

（$\lim\limits_{\varepsilon \to 0}$，表示求出 ε 趨近於 0 時的極限值之命令。）

對於這個 k，做出一次函數Ⓐ後，$g(x)$ 成為 $f(x)$ 的近似函數。

k 稱為 $f(x)$ 中 $x = a$ 時的微分係數。

$$\boxed{\lim_{\varepsilon \to 0} \frac{f(a + \varepsilon) - f(a)}{\varepsilon}} \quad \begin{array}{l} y = f(x) \text{ 的圖表上各點 } (a, f(a)) \text{ 的} \\ \text{切線斜率。} \end{array}$$

於 f 加上「$'$」，做成 f' 的記號，

$$f'(a) = \lim_{\varepsilon \to 0} \frac{f(a + \varepsilon) - f(a)}{\varepsilon} \qquad \left(\begin{array}{l} f'(a) \text{ 為 } y = f(a) \text{ 的} \\ x = a \text{ 時的切線斜率。} \end{array} \right)$$

以 x 來替換即可

$$\longrightarrow f'(x) \quad \longleftarrow \quad \boxed{\begin{array}{l} \text{由於 } f' \text{ 可視為 } x \text{ 的函數，因此可稱為「由函數 } f \text{ 導} \\ \text{出的函數，即為函數 } f \text{ 的導函數※」。} \end{array}}$$

※導函數：Derivative Function。

· 在微積分領域中登場的極限值計算，即為單純計算誤差的算式。

· 極限是指求出微分係數。

· 微分係數為給定點的切線斜率。

· 微分係數即為變化率。

$f'(a)$ （$f(x)$ 中 $x = a$ 時的微分係數）可以用

$$\lim_{\varepsilon \to 0} \frac{f(a + \varepsilon) - f(a)}{\varepsilon}$$ 來計算。

$g(x) = f'(a)(x - a) + f(a)$，為 $f(x)$ 的近似一次函數。

表示 $f(x)$ 中 $(x, f(x))$ 上的切線斜率 $f'(x)$ 為由 $f(x)$ 衍生出的函數，因此可稱為 $f(x)$ 的導函數。

此外，由 $y = f(x)$ 求出其導函數 $f'(x)$，即為微分。

$y = f(x)$ 的導函數記號除了 $f'(x)$ 之外，亦可使用

$$y', \frac{dy}{dx}, \frac{df}{dx}, \frac{d}{dx}f(x)$$

求出常數函數※1、一次函數※2、二次函數※3 的導函數

(1)求出常數函數 $f(x) = \alpha$ 的導函數。$x = a$ 時的微分係數為

$$\lim_{\varepsilon \to 0} \frac{f(a + \varepsilon) - f(a)}{\varepsilon} = \lim_{\varepsilon \to 0} \frac{\alpha - \alpha}{\varepsilon} = \lim_{\varepsilon \to 0} 0 = 0$$

因此，$f(x)$ 的導函數為，$f'(x) = 0$。

(2)求出一次函數 $f(x) = \alpha x + \beta$ 的導函數。$x = a$ 時的微分係數為

$$\lim_{\varepsilon \to 0} \frac{f(a + \varepsilon) - f(a)}{\varepsilon} = \lim_{\varepsilon \to 0} \frac{\alpha(a + \varepsilon) + \beta - (\alpha a + \beta)}{\varepsilon} = \lim_{\varepsilon \to 0} \alpha = \alpha$$

因此，$f(x)$ 的導函數為 $f'(x) = \alpha$

(3)以一般的方式，求出漫畫中也曾出現過的函數 $f(x) = x^2$ 的導函數。

$x = a$ 時的微分係數為

$$\lim_{\varepsilon \to 0} \frac{f(a + \varepsilon) - f(a)}{\varepsilon} = \lim_{\varepsilon \to 0} \frac{(a + \varepsilon)^2 - a^2}{\varepsilon} = \lim_{\varepsilon \to 0} \frac{2a\varepsilon + \varepsilon^2}{\varepsilon}$$
$$= \lim_{\varepsilon \to 0} (2a + \varepsilon) = 2a$$

因此，$x = a$ 時的微分係數為 $2a$，以記號表示則為：$f'(a) = 2a$，即 $f(x)$ 的導函數為 $f'(x) = 2x$。

第1章　練 習 問 題

1. 函數 $f(x)$ 和一次函數 $g(x) = 8x + 10$。此時，已知 x 趨近於 5，則兩函數的誤差率趨近於 0。

(1)請求出 $f(5)$　　(2)請求出 $f'(5)$

2. $f(x) = x^3$ 時，請求出導函數 $f'(x)$。

※ 1　常數函數：Constant Function。
※ 2　一次函數：Linear Function。
※ 3　二次函數：Quadratic Function。

學習
微分的技巧

○○公司的○○工程案，疑違反獨占禁止法而受到刑事告發

太驚人了！
這個○○公司，不是業界的龍頭嗎？

！

真是驚人的頭條！

……

44

引間以後也想報導類似這樣的大事件吧！

那當然囉！

那個……關先生你們在總公司工作時，也報導過非常驚悚的獨家新聞嗎？

完全沒有。

無力

不過獨家新聞和誤報倒是很多。我還曾因為寫錯諮詢對象的電話號碼而刊登道歉啓示呢！

哈哈哈

什麼？這很值得驕傲嗎？

稍安勿噪！引間。

我了解妳對新聞記者具有相當高的期待，但最重要的還是基礎能力哦！

以下只是我個人淺見，我希望妳不要失去一般人的觀點。

避免大量使用專用術語，

因爲這樣很沒品。

是。

此外，不懂裝懂也不行。無論是什麼問題，只要不懂就要立刻詢問、調查。

增井雖然還很年輕，但調查能力可是非常優秀哦！

呵呵～

怒

我才沒有不懂裝懂。

啊～

話說回來，

獨占禁止法是爲了什麼目的設立的呢？

啪噠

咚

46

嗯……妳知道公平交易委員會會監督公司或商店是否進行妨礙競爭的行為嗎？

那當然囉！

公司或商店努力提供消費者既便宜又優良的商品。

若為了防止對方競爭而要手段阻礙對方，消費者會遭受到極大的不利。因此公平交易委員會才會取締這樣的行為。

這就是公司或商店之間在品質及價格上競爭的結果。

原來如此。

在此，為了說明為何在實務上，獨占禁止法也需要微分，我們先來談談「移動步道」。

什麼？

因為會用到和的微分公式，請務必記下來。

1 | 和的微分

公式 2-1 | 和的微分公式

$$h(x) = f(x) + g(x) \text{ 時}$$
$$h'(x) = f'(x) + g'(x)$$

和的微分
就是微分
的和。

什麼意
思呀？

好吧！那先來思考
看看 $x = a$ 時的極
接近值估計。

之前也有
做過呢！

沙沙沙

$$f(x) \underset{\text{近似}}{\sim} f'(a)(x-a) + f(a) \quad \text{——①}$$

$$g(x) \underset{\text{近似}}{\sim} g'(a)(x-a) + g(a) \quad \text{——②}$$

此時，

$$h(x) \underset{\text{近似}}{\sim} k(x-a) + l \quad \text{——③}$$

想知道這個式子
裡的 k 值。

由於
$h(x) = f(x) + g(x)$，
代入①和②。

嗯

如此一來，

$$h(x) \sim f'(a)(x-a) + f(a) + g'(a)(x-a) + g(a) \quad —— ④$$

試著只將③和④中 $(x-a)$ 的係數取出。

嗯～

$(x-a)$

$k = f'(a) + g'(a)$

沒錯！

因此，$h'(a) = f'(a) + g'(a)$。

接下來要說明「移動步道」。

現在，請想像增井正走在路上。

雖然不是很想，但我會試著想像。

假設從基準點 0 測得增井在經過 x 小時後的距離為 $f(x)$ 公里。

a 小時後,增井移動至點 A。

x 小時後,又移動至點 P。

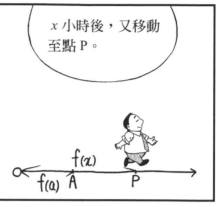

也就是說,增井在 $x-a$ 小時內,由 A 移動至 P。

是這樣沒錯。那又如何呢?

將移動時間 $x-a$ 視為極小的數字。

$$f(x) \sim f'(a)(x-a) + f(a)$$
近似

將此變化後

$$\frac{f(x) - f(a)}{x-a} \sim f'(a)$$
幾乎
等於

關先生,左式為(移動距離)÷(移動時間),所以會得出速度嗎?

沒錯。換句話說,$f'(a)$ 即為增井通過點 A 時的速度。

也就是說，微分在 $f(x)$ 爲表示距離的函數的情況下，會得到速度。

噠噠噠噠

是的。因此，
$h(x) = f(x) + g(x)$
時，
$h'(x) = f'(x) + g'(x)$
含有下述的意義。

現在請增井到移動步道上行走。

移動步道在 x 分鐘內，移動了 $f(x)$ 公尺。在此步道上測量，增井在 x 分鐘後將移動 $g(x)$ 公尺。

x 分鐘移動 $g(x)$ 公尺

x 分鐘移動 $f(x)$ 公尺

那麼，增井在 x 分鐘內的移動距離就會變成 $h(x) = f(x) + g(x)$。

如此一來，
$h'(x) = f'(x) + g'(x)$
代表什麼含義呢？

以陸地上來看，增井的移動速度為本人在步道上的速度加上步道本身的速度，對吧！

正是如此。

這樣聽來確實合理！但是這和獨占禁止法有什麼關聯？

請再稍等一下。我不是說過，所有事物最重要的在於基礎嗎？

接著要談的是基礎之一的積的微分。這個以做菜來講就是事前準備，請務必要記得。

是的。

哈
哈
呼
呼
呼
呼

② 積的微分

公式 2-2｜積的微分公式

$h(x) = f(x)\,g(x)$ 時，
$h'(x) = f'(x)\,g(x) + f(x)\,g'(x)$
積的微分是僅就單邊微分後的和

單邊？

是的。
以 $x = a$ 的
極接近值來
思考。

$$f(x) \underset{近似}{\sim} f'(a)(x-a) + f(a)$$

$$g(x) \underset{近似}{\sim} g'(a)(x-a) + g(a)$$

$$h(x) = f(x)\,g(x) \sim k(x-a) + l$$
$$h(x) \sim \{f'(a)(x-a) + f(a)\}\{g'(a)(x-a) + g(a)\}$$

此時，從兩式的右邊
取出 $(x-a)$ 的項式
即可！如此一來，就
會變成以下這樣。

$(x-a)$

$$\{f'(a)\,g(a) + f(a)\,g'(a)\}(x-a) \sim k(x-a)$$
$$k = f'(a)\,g(a) + f(a)\,g'(a)$$

懂了嗎？

那與其說是正義或眞理，不如說是道義上的問題。

那麼，現在讓我用微分來說明爲何不可以獨占吧！

那種社會問題要如何用微分來解釋呢？

不。讓我們用更冷靜的態度來看世界吧！

許多企業一起提供沒有差別化商品的市場環境，稱爲「完全競爭市場※1」。

例如？

完全競爭市場

嗯……錄影帶出租店※2？

是的。完全競爭市場中的企業，接受由市場決定的商品價格，在有利潤產生的範圍內生產並供給商品。

※1 完全競爭市場：Perfectly Competitive Market。
※2 實際上，錄影帶出租店中亦存在非常有名的連鎖店，無論何種商品，其中都會存在較著名的品牌，並非完全競爭市場。因此，完全競爭市場可說是想像中的理想狀態。

舉例來說，我們假設目前有一生產市場價格每台 12,000 日圓 CD 隨身聽的企業正在考慮是否增產。

若增產的費用為每台 1 萬日圓，則這家企業勢必會增產，對吧！因為可以賺錢啊。

由於許多企業都生產相同商品，因此不考慮因自家公司增產，而造成價格下跌的狀況。

然而，由於增產會使生產效率逐漸低落，這家企業增產 1 台的成本早晚會與市場價格 12,000 日圓相當。若再繼續增產就不划算了，因此生產數量便會固定。

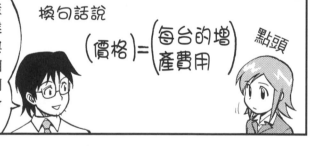

換句話說

$$(價格) = \begin{pmatrix} 每台的增 \\ 產費用 \end{pmatrix}$$

點頭

相對於此，僅一家公司獨自供給商品的「獨占市場※」的環境下，情況就完全不同了。

此商品供應商只有自己一家，因此增產會導致價格下跌。

※獨占市場：Monopoly Market。

現在，我們假設已知僅生產、供給 x 時，可全部販售完畢的價格爲 x 的函數 $P(x)$。

順道一提，此時如果增加 x 會使價格下跌，因此表示價格變化的 $P'(x)$ 爲負值。

沒錯。此時的營業額會變成這樣。

咻咻

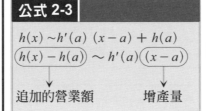

營業額＝ $h(x)$ ＝價格×供給量＝ $P(x) \times x$

公式 2-3

$$h(x) \sim h'(a)\,(x-a) + h(a)$$
$$\underbrace{(h(x) - h(a))} \sim h'(a)\underbrace{(x-a)}$$

追加的營業額　　　　增產量

由此可知，因增產而增加的營業額，每 1 個約爲 $h'(a)$。

我知道了！只要將這個和生產費用做比較，就可決定是否增產了。

就是這樣。因爲 $h(x) = P(x)x$，所以請回想剛才的積的微分。

只有單邊微分的和，對吧！

會變成 $h'(a) = P'(a)a + P(a) \times 1^{※}$！

啪

是的。也就是說，比增產 1 個的費用低，就會立即停產。

※ x 的微分為 1（參見第 40 頁）

也就是說，生產量以
$P'(a)a + P(a) =$ 費用，
　負值　　　價格
且以第一項式為負值來思考的話，

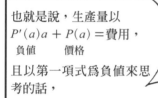

顯然市場價格 $P(a)>$ 費用，無論增加的營業額是否比再生產 1 個的費用高，企業都會決定停產。

換句話說，這就是不當的抬高價格。

原來如此

話雖如此，他們並不是惡意從事這樣的行為，只能說是合理的行動。我們必須冷靜地看待這種行為。

請再看一次式子。

57

（繼續增產時所增加的營業額（以 1 台計算））

$= h'(a) = P'(a)a + P(a)$

最後式子中的 2 項具有以下含意：

$P(a)$ 是販賣掉增產 1 台所能得到的營業額。

$P'(a)a =$（下跌的價格）×生產台數 → 即價格下跌造成所有生產商品的損害。

妳認為呢？引間。

認為什麼？

獨占企業會考慮到在取得多賣 1 台之營業額的同時，是否會因價格下跌而造成所有商品損害，再決定是否停產喔！

！

若是這種情況，絕不是有意對社會造成損害，只能說是依據「追求利潤」的資本主義原則所做出的行為。因此，在道義上責怪這家企業也不能改變什麼。

然而，由結果看來，對消費者和社會而言，並不希望形成「物以稀為貴」的狀態，因此造成了以制度（法律）禁止「獨占」行為的結論。

算淺

鈴〜鈴〜鈴〜

您好。這裡是淺賀家報社算田町支社。

部……部長！

淺賀家報社

聽說 K 報社想與你詳談你提出的那篇出問題的報導。

好……

嗯……
是。

他們說想知道整件事情的原委。說不定這是你挽回名譽的大好良機。

……
謝謝您。
我會好好考慮的。

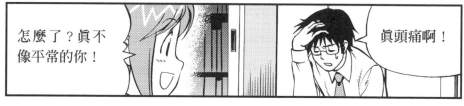
怎麼了？真不像平常的你！

真頭痛啊！

…！

沒什麼啦！
也不是什麼大事。

3 多項式微分

稍微轉換一下心情。

單項式
$y = ax^2$

項
$y = ax^2 + bx + c$
多項式

我把多項式的微分公式整理一下，妳把它背下來吧！

多項式的微分用三個公式來組合便可以解開。

公式 2-4 | n 次函數的導函數

$h(x) = x^n$ 的導函數為 $h'(x) = nx^{n-1}$

為什麼會變成這樣呢？只要重覆使用積的微分公式即可。

$h(x) = x^2$ 時，由 $h(x) = x \times x$，可得 $h'(x) = x \times 1 + 1 \times x = 2x$

公式確實符合這個結果。

$h(x) = x^3$ 時，由 $h(x) = x^2 \times x$，可得

使用了這個

$h'(x) = (x^2)' \times x + x^2 \times (x)' = (2x)x + x^2 \times 1 = 3x^2$

公式確實符合這個結果。

使用了這個

$h(x) = x^4$ 時，由 $h(x) = x^3 \times x$，可得

$h'(x) = (x^3)' \times x + x^3 \times (x)' = 3x^2 \times x + x^3 \times 1 = 4x^3$

公式確實符合這個結果。

依此類推。多項式的微分只要用下列三個公式組合，便一定可解。

公式 2-5 | 和、常數倍、x^n 的微分公式

和的微分公式	$\{ f(x) + g(x) \}' = f'(x) + g'(x)$	——①
常數倍的微分公式	$\{ \alpha f(x) \}' = \alpha f'(x)$	——②
x^n 的微分公式	$\{ x^n \}' = nx^{n-1}$	——③

例 請試著微分 $h(x) = x^3 + 2x^2 + 5x + 3$

$h'(x) = \{x^3 + 2x^2 + 5x + 3\}' = (x^3)' + (2x^2)' + (5x)' + (3)'$

$= (x^3)' + 2(x^2)' + 5(x)' = 3x^2 + 2(2x) + 5 \times 1 = 3x^2 + 4x + 5$

呼……

我出去一下
就回來……

……

嘎啦

別擔心！與其
擔心這個……

我有個新聞希望
妳去採訪呢！

興奮

採訪嗎！？

對。算田町遊樂園的
雲霄飛車似乎重新改
裝了。

原來是總下的
雲霄飛車呀…

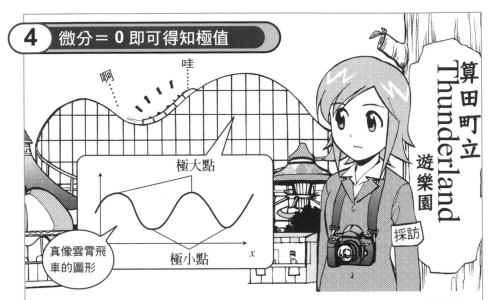

4 微分＝ 0 即可得知極值

極大點

真像雲霄飛車的圖形

極小點

算田町立 Thunderland 遊樂園 採訪

極大點和極小點會隨著函數的增減而改變，因此調查函數的性質是非常重要的。

極大點和極小點多半為最大點和最小點，因此在想求出某物的（最適解）時是相當重要的。

> **定理 2-1** （極值條件）
>
> 若 $y = f(x)$ 在 $x = a$ 有極大點或極小點，則 $f'(a) = 0$。

換句話說，極大點和極小點可從滿足 $f'(a) = 0$ 的 a 來求得。

為什麼會這樣？

我超討厭雲霄飛車的……

叩隆 叩隆

叩隆

現在，我們使 $f'(a)$ 不等於 0，而使 $f'(a) > 0$。

由於 $x = a$ 的極接近值，則 $f(x) \sim f'(a)\ (x-a) + f(a)$，因此

$f'(a) > 0$，即為近似一次函數在
$x = a$ 時為增加狀態，因此可得知
$f(x)$ 也為增加狀態。
換句話說，就像雲霄飛車上昇的狀
態，既非頂端，也非谷底。

$(a, f(a))$

$f'(a) < 0$ 時也相同，
$y = f(x)$ 為下降狀態，
因此既非頂端，也非谷底。

$y = f(x)$

如果 $f'(a) > 0$ 時，及 $f'(a) < 0$ 時，分別為上昇和下降的狀態，則頂
端及谷底只能在 $f'(a) = 0$ 時出現。

實際上，若 $f'(a) = 0$，

近似一次函數 $y = f'(a)\ (x-a) + f(a) = 0 \times (x-a) + f(a)$

為水平線，因此與圖形吻合。

$f'(a) = 0$

$(a, f(a))$

$(a, f(a))$

$f'(a) = 0$

將上述解釋做個
整理，可得下述
的定理哦！

定理 2-2　（增減的判定條件）

$f'(a) > 0$ 時，$x = a$ 的極接近值，$y = f(x)$ 為增加狀態。
$f'(a) < 0$ 時，$x = a$ 的極接近值，$y = f(x)$ 為減少狀態。

微分真是太有趣了～可以看透社會～♪

妳終於懂我的用心了嗎？

什麼！什麼嘛！開口閉口都是微分、微分的。

咦？妳剛才不是還說有趣嗎？

叫支社的負責人給我出來……

啪噠

關，你要再叫一杯啤酒來喝嗎？

不了。今天不太想喝醉。

是那通電話的關係嗎？部長說了什麼？

雖然很突然，但我想考考你。啤酒較小的泡沫會越來越小直到消失。

而比較大的泡沫反而會急速地擴大，浮上表面而破裂。請回答以上兩種現象的成因。

啤酒等的碳酸飲料是二氧化碳達到過飽和的狀態，二氧化碳與其溶於液體裡，不如保持氣體狀態更安定。

微笑…

突然就丟出個問題呀

因此，如果與泡沫的體積 $\frac{4}{3}\pi r^3$（r 爲半徑）成正比，能量會變小。

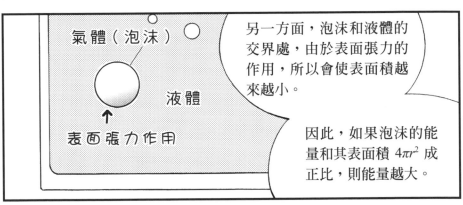

氣體（泡沫）

液體

↑
表面張力作用

另一方面，泡沫和液體的交界處，由於表面張力的作用，所以會使表面積越來越小。

因此，如果泡沫的能量和其表面積 $4\pi r^2$ 成正比，則能量越大。

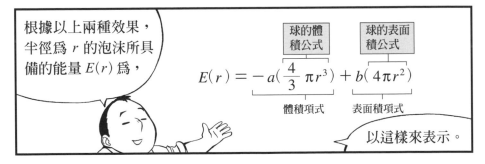

根據以上兩種效果，半徑爲 r 的泡沫所具備的能量 $E(r)$ 爲，

球的體積公式　球的表面積公式

$$E(r) = -a\left(\frac{4}{3}\pi r^3\right) + b(4\pi r^2)$$

體積項式　　表面積項式

以這樣來表示。

我們假設泡沫會盡可能地縮小能量。

只要解開 $E(r)$ 縮小的模式，就可解開啤酒泡沫之謎。

原來如此。不愧是增井！

爲了簡化，我將 r 的單位巧妙變更後，以
$$E(r) = -r^3 + 3r^2$$
來思考。

首先，試著求極點。

$$E'(r) = (-r^3)' + (3r^2)'$$
$$= -3r^2 + 6r$$
$$= -3r(r-2)$$

因此，$r = 2$ 時 $E'(r) = 0$。

$0 < r < 2$ 時，$E'(r) > 0$，$2 < r$ 時，$E'(r) < 0$，因此可得知 $r = 2$ 時，$E(r)$ 爲極大點 P。

圖形就像這樣。

從這張圖可得知，極大點 P 左右的泡沫模式在改變。

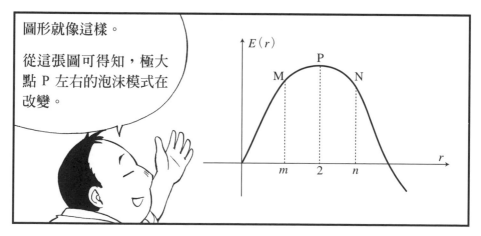

位於 M 點的半徑和能量狀態的泡沫，為了使能量 $E(r)$ 變小，因此半徑會由 m 開始縮小。且泡沫會逐漸變小直至消失。

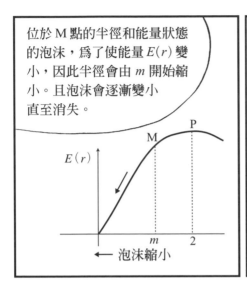

← 泡沫縮小

反之，位於 N 點的半徑和能量狀態的泡沫，則為了使能量 $E(r)$ 變小，因此半徑會由 n 開始漲大。所以泡沫會逐漸漲大並上昇。

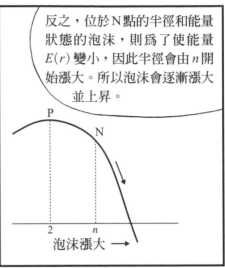

泡沫漲大

哦～

啪 啪
啪啪啪
啪啪

!?

扯

呵呵呵……
增井～

引、引間

所謂的微分,即為接近函數 $f(x)$ 之 $x = a$ 的極接近值的近似一次函數之 x 係數。也就是說,

$$f(x) \underset{\text{近似}}{\sim} f'(a)(x-a) + f(a) \qquad (x \text{ 相當接近 } a)$$

然而,這僅是「幾乎一樣」、「近似」,而至於位於 a 旁的 b,一般而言,

$$f(b) \neq f'(a)(b-a) + f(a) \quad\text{——} \quad ①$$

無法說是完全一致。

以下定理是為了求知欲旺盛的讀者所準備的。

定理 2-3	平均值定理※

對於 $a, b (a < b)$,使 $a < \zeta < b$ 的 ζ,
滿足 $f(b) = f'(\zeta)(b-a) + f(a)$ 的條件是存在的。

換句話說,並非 $f'(a)$,而是由 a 到 b 逐漸增加時的 ζ,其 $f'(\zeta)$ 可使①中的等號成立。

為什麼呢?

※平均值定理:Mean Value Theorem。

以線段 AB 連結 2 點 A $(a, f(a))$ 、B $(b, f(b))$ 。

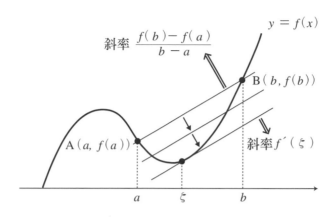

斜率 $\dfrac{f(b) - f(a)}{b - a}$

$y = f(x)$

B $(b, f(b))$

斜率 $f'(\zeta)$

A $(a, f(a))$

a　　ζ　　b

$$(\text{AB 的斜率}) = \left(\dfrac{y \text{ 座標增加量}}{x \text{ 座標增加量}} \right) = \dfrac{f(b) - f(a)}{b - a} \quad \text{——②}$$

在此，將線段 AB 如圖所示平移。

平移的過程中，線段終究會迎向離開圖形的瞬間。將此點設為 $(\zeta, f(\zeta))$ 。此時，由於此線段爲切線，因此斜率爲 $f'(\zeta)$ 。

由於平移，因此②的斜率理應不會改變。

因此，

$$\dfrac{f(b) - f(a)}{b - a} = f'(\zeta) ,$$

去掉分母，再將 $f(a)$ 移位後，可得

$$f(b) = f'(\zeta)(b - a) + f(a) 。$$

商的微分公式

求出 $h(x) = \dfrac{g(x)}{f(x)}$ 的導函數公式。

首先，求出 $f(x)$ 的倒數之函數 $p(x) = \dfrac{1}{f(x)}$ 的導函數。

$x = a$ 的極接近值時，$f(x) \sim f'(a)\,(x-a) + f(a)$，同理，

$$p(x) \sim p'(a)\,(x-a) + p(a)$$

在此，必須注意到 $f(x)\,p(x)$ 恆等於 1 後，

$$1 = f(x)\,p(x) \sim \{f'(a)\,(x-a) + f(a)\}\,\{p'(a)\,(x-a) + p(a)\}$$

若從右邊僅取出 $(x-a)$ 的係數，則右式為

$$p(a)f'(a) + f(a)\,p'(a)$$

又由於左式沒有 x 項，因此理應為 0。所以，

$$p'(a) = -\frac{p(a)\,f'(a)}{f(a)}$$

由於 $p(a) = \dfrac{1}{f(a)}$，因此，代入分子的 $p(a)$ 後，形成

$$p'(a) = -\frac{f'(a)}{f(a)^2}$$

接下來，相對於一般的 $h(x) = \dfrac{g(x)}{f(x)}$，$h(x) = g(x) \times \dfrac{1}{f(x)} = g(x)\,p(x)$，因此，使用積的微分公式和以上的公式即可。

$$h'(x) = g'(x)\,p(x) + g(x)\,p'(x) = g'(x)\,\frac{1}{f(x)} - g(x)\,\frac{f'(x)}{f(x)^2}$$
$$= \frac{g'(x)\,f(x) - g(x)\,f'(x)}{f(x)^2}$$

因此，可得下頁公式。

公式 2-6 │商的微分公式

$$h'(x) = \frac{g'(x)\,f(x) - g(x)\,f'(x)}{f(x)^2}$$

合成函數的微分公式

求出 $h(x) = g(f(x))$ 的導函數公式。

$x = a$ 的極接近值，則 $f(x) - f(a) \sim f'(a)\,(x - a)$，且

$y = b$ 的極接近值，則 $g(y) - g(b) \sim g'(b)\,(y - b)$

在此，令 $b = f(a)$，$y = f(x)$，重新改寫第 2 項式子後，$x = a$ 的極接近值，則 $g(f(x)) - g(f(a)) \sim g'(f(a))\,(f(x) - f(a))$。將右式的 $f(x) - f(a)$ 替換爲最初式子的右項。則，

$$g(f(x)) - g(f(a)) \sim g'(f(a))\,f'(a)\,(x - a)$$

在此，由於 $g(f(x)) = h\,(x)$，所以此式可表示爲

$h'(a) = g'(f(a))\,f'(a)$。因此，可得下述公式。

公式 2-7 │合成函數的微分公式

$$h'(x) = g'(f(x))\,f'(x)$$

反函數※的微分公式

使用這個公式來求出 $y = f(x)$ 之反函數 $x = g(y)$ 的微分公式。所有的 x 都符合 $x = g(f(x))$，因此兩邊同時微分後，

$$1 = g'(f(x))\,f'(x)$$

因此，變成 $1 = g'(y)\,f'(x)$，可得下述公式。

公式 2-8 │反函數的微分公式

$$g'(y) = \frac{1}{f'(x)}$$

※反函數：Inverse Function。

● 總整理 ●

■各種微分公式

	公式	重點
常數倍	$(\alpha f(x))' = \alpha f'(x)$	與微分後再乘以定數相同。
x^n （累乘※）	$(x^n)' = nx^{n-1}$	指數成為係數，次數減1。
和	$(f(x) + g(x))' = f'(x) + g'(x)$	和的微分即為微分的和。
積	$(f(x)\,g(x))'$ $= f'(x)\,g(x) + f(x)\,g'(x)$	經過單邊微分的和。
商	$\left(\dfrac{g(x)}{f(x)}\right)' = \dfrac{g'(x)\,f(x) - g(x)\,f'(x)}{f(x)^2}$	分母變2次方。分子則為單邊微分的差。
合成函數	$(g(f(x)))' = g'(f(x))\,f'(x)$	外側微分和內側微分的積。
反函數	$g'(y) = \dfrac{1}{f'(x)}$	反函數的微分即為本身微分的倒數。

第2章 練習問題

1. 設 n 為自然數，請求出 $f(x) = \dfrac{1}{x^n}$ 的導函數 $f'(x)$。

2. 請求出 $f(x) = x^3 - 12x$ 的極值。

3. (1)請求出 $f(x) = (1-x)^3$ 的導函數 $f'(x)$。
　　(2)請求出 $g(x) = x^2(1-x)^3$ 中，$0 \leqq x \leqq 1$ 時的最大值。

※累乘：Multiplicative。

76

積分即為
總計平緩的變化量

你們有看到今天報紙裡刊登的報導嗎？

什麼報導？

K研究所的研究生K「風的路徑」之解析

消除都市熱島效應（Heat Island Effect）的一搏

就是這篇！這個人是我的大學學長哦！

東京都將預算用於此研究生的研究成果來做為對抗暖化的對策。
真是不得了啊！

哈哈哈

我們學校的理工科系很強哦！

文學院

由於科學家懷疑二氧化碳為地球暖化的原因。

所以二氧化碳也被稱為溫室效應氣體，且它會妨礙地球向宇宙排放熱放射，而使地球具有保溫效果。

若保溫效果過強，就會使地球過於溫暖，造成氣候異常。

引間的學長所關注的焦點在於分析風的路徑致力於使氣溫下降。

他建議政府應限制建商不可在風的行經路徑中建設高大建築物。

尤其是只要風在灣岸及河川上的通行不受阻礙，應該就可以阻止地表溫度的上昇。

在現代社會要降低二氧化碳的排放量很難！

但是，盡力降低二氧化碳是每個人的責任。

但是,最初是怎麼知道大氣中二氧化碳的含量正在增加呢?

該不會是……微分吧?

眼睛一亮

不!
雖然一樣是用函數處理,

但這次是積分。

以積分可以得知大氣中二氧化碳的總含量。

積 分

若得知大氣中二氧化碳的總含量,則可預測以下這些項目。

①溫室效應的預測。
②由二氧化碳的「總含量」預測經濟活動可能會造成的二氧化碳在大氣中的殘留量。

那~

但是,「二氧化碳的總含量」中卻有個麻煩的問題。

若各地大氣中二氧化碳的濃度都均等，則可用「濃度」×「氣體總量」來計算「二氧化碳的總含量」。

然而，二氧化碳的濃度會隨著地點而改變，且此變化呈現平緩而連續性。

因此，必須針對「濃度的連續變化」來計算「總含量」！

嗯…能再說明得簡單一點嗎？

那麼，就用這個吧！增井的備用燒酒！

咦～為什麼？

驚

為了引間的學習呀！而且把酒放在工作場所也不好吧！

啊～我的算田町名產，夢幻般的燒酒「千年的沈睡」……

所以他才總是在睡覺？

咕嚕

咕嚕

1 微積分基本定理的形式

將熱水注入盛有燒酒的杯子裡。

高度9cm
底面積20cm²
的杯子

9cm

20cm²

咕嚕

咕嚕

......

當然就完成了下面的酒比較濃，而上面較淡的燒酒。

此外，濃度在各處會呈現和緩變化。

讓我們以 $p(x)$ g/cm³ 的函數來表示距杯子底部 x 公分處的燒酒的密度。

x cm

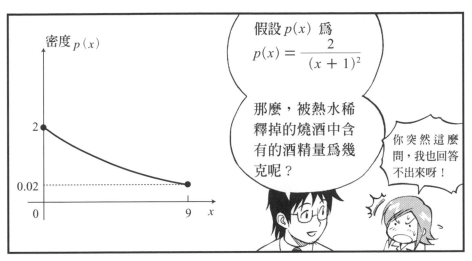

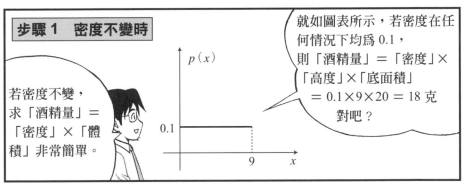

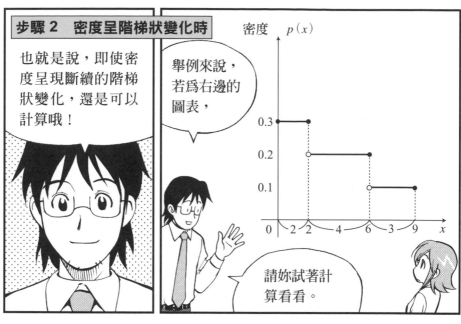

步驟2　密度呈階梯狀變化時

也就是說，即使密度呈現斷續的階梯狀變化，還是可以計算哦！

舉例來說，若為右邊的圖表，

請妳試著計算看看。

嗯……
將每個階梯分開計算，底面積為20平方公分…

$$0.3 \times 2 \times 20 \; + \; 0.2 \times 4 \times 20 \; + \; 0.1 \times 3 \times 20$$

$$\begin{pmatrix} 0 \leqq x \leqq 2 \\ 部分的酒精 \end{pmatrix} \quad \begin{pmatrix} 2 < x \leqq 6 \\ 部分的酒精 \end{pmatrix} \quad \begin{pmatrix} 6 < x \leqq 9 \\ 部分的酒精 \end{pmatrix}$$

$$= (0.3 \times 2 + 0.2 \times 4 + 0.1 \times 3) \times 20 = 34$$

所以…

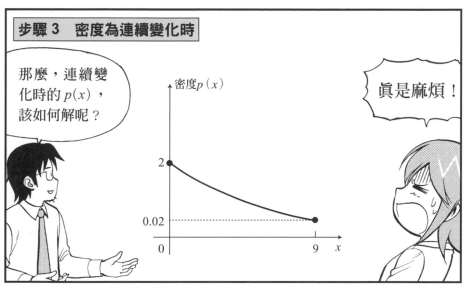

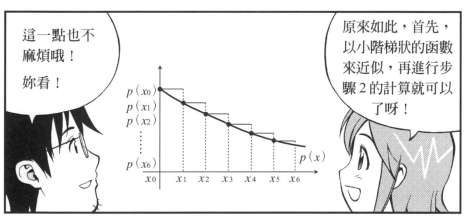

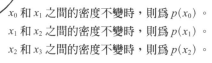

沒錯！
將 x 軸分割為 x_0、x_1、x_2 …… x_6。

x_0 和 x_1 之間的密度不變時，則為 $p(x_0)$。
x_1 和 x_2 之間的密度不變時，則為 $p(x_1)$。
x_2 和 x_3 之間的密度不變時，則為 $p(x_2)$。

就像這樣，以階梯狀的函數來推測 $p(x)$。

若以這個階梯狀的函數來計算酒精量，即可求得相當接近的「真正酒精量」。

那是這樣計算吧！

$$p(x_0) \times (x_1 - x_0) \times 20$$

$$p(x_1) \times (x_2 - x_1) \times 20$$

$$p(x_2) \times (x_3 - x_2) \times 20$$

$$p(x_3) \times (x_4 - x_3) \times 20$$

$$p(x_4) \times (x_5 - x_4) \times 20$$

$$+ \underline{)\, p(x_5) \times (x_6 - x_5) \times 20}$$

近似的酒精量

是的。階梯狀的圖表中，斜線部分面積就是這個式子（不乘以 20）的總計。

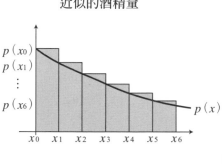

那麼，如果將它切成無限細小，就可視爲「眞正的酒精量」了吧！

是這樣沒錯，但並不切實際。

噹噹噹

因爲必須將它無限個無限細小的部分加總起來。

是、是哦……

請看這個式子。妳是否想起了什麼？

$$p(x_3) \times (x_4 - x_3)$$

啊！

它很類似近似一次函數！

將 $f(x)$ 的導函數設爲 $f'(x)$，則 $x = a$ 的極接近值，可表示爲

$f(x) \underset{近似}{\sim} f'(a)(x-a) + f(a)$ 。

將 $f(a)$ 移項之後，

$f(x) - f(a) \underset{近似}{\sim} f'(a)(x-a)$（（$f$ 值的差）$\underset{近似}{\sim}$（f 的微分）$\times$（x 的差））——①

若 x_0、x_1、x_2、x_3，…… x_6 之間的間隔極小，則 x_1 爲 x_0 的極接近值，x_2

爲 x_1 的極接近值……依此類推。

在此，讓我們找出導函數爲 $p(x)$ 的 $q(x)$。

（亦即 $q'(x) = p(x)$）

在 $q(x)$ 利用①式，則（（q 值的差）$\underset{近似}{\sim}$（q 的微分）$\times$（x 的差））

$q(x_1) - q(x_0) \underset{近似}{\sim} p(x_0)(x_1 - x_0)$

$q(x_2) - q(x_1) \underset{近似}{\sim} p(x_1)(x_2 - x_1)$

$\vdots$

因爲想要知道右邊項式的總和，因此左邊項式的總和也可求得！

算式　　　消去後總和的式子

$q(x_1) - q(x_0) \underset{近似}{\sim} p(x_0)(x_1 - x_0)$

$q(x_2) - q(x_1) \underset{近似}{\sim} p(x_1)(x_2 - x_1)$

$q(x_3) - q(x_2) \underset{近似}{\sim} p(x_2)(x_3 - x_2)$

$q(x_4) - q(x_3) \underset{近似}{\sim} p(x_3)(x_4 - x_3)$

$q(x_5) - q(x_4) \underset{近似}{\sim} p(x_4)(x_5 - x_4)$

$+\ )\ \ q(x_6) - q(x_5) \underset{近似}{\sim} p(x_5)(x_6 - x_5)$

$\overline{\qquad q(x_6) - q(x_0) \underset{近似}{\sim} 總和 \qquad}$

$x_6 = 9$，$x_0 = 0$，因此

近似的酒精量 = 總和 $\times 20$

$= (q(x_6) - q(x_0)) \times 20$

$= (q(9) - q(0)) \times 20$

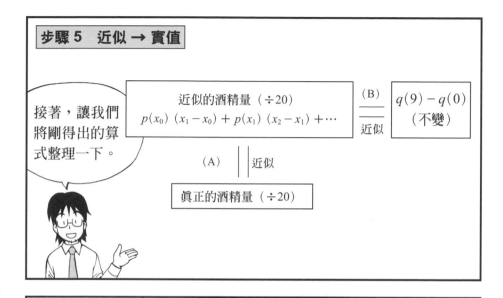

在此，
若使 x_0、x_1、x_2、x_3
……的點漸漸增多
至無限，

則（A）爲非「近
似」，而可視爲
「等號」。

然而，這是因爲我
們一直近似
$q(9) - q(0)$ 這個
一定值。

若寫成這樣，應
該可以理解！※

※第 94 頁有更正確的解法喲！

步驟6　$p(x)$ 為 $q(x)$ 的導函數

這就是我接下來想讓妳看的式子。

$$設\ q(x) = -\frac{2}{x+1},$$

$$q'(x) = \frac{2}{(x+1)^2} = p(x)$$

※ $p(x)$ 為 $q(x)$ 的導函數
$q(x)$ 則稱為 $p(x)$ 的原始函數

也就是說，我們想求的就是這裡的 $q(x)$。

$$酒精量 = \{q(9) - q(0)\} \times 20$$

$$= \left\{ -\frac{2}{9+1} - \left(-\frac{2}{0+1} \right) \right\} \times 20$$

$$= 36\ 克$$

順道一提，用熱水稀釋燒酒，1杯的標準量為24.3克哦！

那這杯還真不是普通的濃呀！

36

目前為止我們所做的「無限的總和」很佔空間。

讓我來教你一個簡單的表示記號吧！

2　微積分的基本定理

$$p(x_0)(x_1-x_0)+p(x_1)(x_2-x_1)+\cdots+p(x_5)(x_6-x_5)$$

—— ②

這個式子

$$\sum_{x=0, x_1 \cdots, 9} p(x)\Delta x$$

可寫成這樣。

哦！簡單明瞭

不過，這個 Δ 是什麼呀？

Δ ？

Δ（Delta）是希臘字母，多用於表示變化量的記號。

Delta

Δx 即表示「與下一個點的距離」。也就是 (x_1-x_0)、(x_2-x_1) 等。

那麼，Σ 呢？

Σ ？

這個 Σ（Sigma）為簡潔表達的重點。例如，若

$$\sum_{x=x_0, x_1, \cdots, x_6}$$

則表示「從 $x_0 = 0$ 至 $x_6 = 9$ 的總和」。

那麼，

$$\sum_{x=x_0, x_1, \cdots, x_6} p(x)\,\Delta x$$

的意思是？

意指（位於 x 的 p 值）×（從 x 至下一點的距離）之總和。

是的。和剛才出現的②的式子意義相同。

接下來，再教妳將②的式子變簡單的記號吧！

②的式子為「有限階梯的總和」，因此將無限時所用的記號「變圓滑」就行了。

變圓滑？

是的，把這個…

變圓滑？

喝

哦！

奮力

唔唔唔

$$\sum p(x)\Delta x \;\rightarrow\; \int_0^9 p(x)\Delta x \;\rightarrow\; \int_0^9 p(x)dx$$

嘿咻

將 Σ 拉長成 $\int$，

將 Δ 換成 d。

哦！

$$\int_0^9 p(x)dx \;\;——\;\; ③$$

$p(x)$

0   9 x

這個③的式子表示無限細分時的總和，意即左圖表和 x 軸所圍成的面積。

這就稱為定積分※。

若已知 $p(x)$ 為 $q(x)$ 的導函數，

$$\int_a^b p(x)\,dx = q(b) - q(a) \;\;——\;\; ④$$

這不是極簡單的計算嗎？

定積分很好用吧！

……

無法跟上

● 總整理 ●

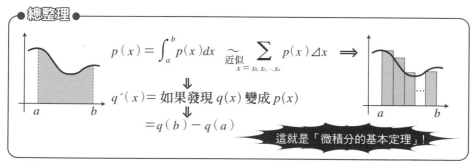

$$p(x) = \int_a^b p(x)dx \underset{\substack{近似 \\ x = x_0, x_1, \cdots, x_n}}{\sim} \sum p(x)\Delta x \;\Longrightarrow$$

a b

$$q'(x) = 如果發現 q(x) 變成 p(x)$$

$$= q(b) - q(a)$$

a b

這就是「微積分的基本定理」！

※定積分：Numerical Integration。

目前為止的說明中，
$q(x_1) - q(x_0) \underset{\text{近似}}{\sim} p(x_0)(x_1 - x_0)$ 這樣「草率」的式子，即以「大致估計的近似式」來帶過。在此，為了為此抱持疑慮的認真讀者們，我們來嚴密地探討。若使用「平均值定理」，即使不使用「$\underset{\text{近似}}{\sim}$」這個奇怪的記號也可再現相同的結果。

設滿足 $q'(x) = p(x)$ 的 $q(x)$ 中，
存在點 x_0、x_1、x_2、$x_3\cdots$、x_n。
$$\underset{\substack{\| \\ a}}{} \qquad \underset{\substack{\| \\ b}}{}$$
設 x_0 和 x_1 之間的點為 x_{01}，請找出滿足

$$q(x_1) - q(x_0) = q'(x_{01})(x_1 - x_0)$$

的點 x_{01}。

由「平均值定理」，可保證此點的存在。
同樣，可找出 x_1 和 x_2 之間的 x_{12} 為，

$$q(x_2) - q(x_1) = q'(x_{12})(x_2 - x_1)$$

以下亦同

這個階梯的面積

$$q(x_1) - q(x_0) = q'(x_{01})(x_1 - x_0) = p(x_{01})(x_1 - x_0)$$
$$q(x_2) - q(x_1) = q'(x_{12})(x_2 - x_1) = p(x_{12})(x_2 - x_1)$$
$$q(x_3) - q(x_2) = q'(x_{23})(x_3 - x_2) = p(x_{23})(x_3 - x_2)$$
$$\vdots \qquad\qquad \vdots \qquad\qquad \vdots$$
$$q(x_n) - q(x_{n-1}) = q'(x_{n-1\,n})(x_n - x_{n-1}) = p(x_{n-1\,n})(x_n - x_{n-1})$$

合計

$+$

$$q(x_n) - q(x_0) \quad\longleftarrow\boxed{\text{恆等}}\longrightarrow\quad \text{近似面積}$$
$$\|$$
$$q(b) - q(a)$$

$\downarrow$ 無限細分

$$q(b) - q(a) \quad\longleftarrow\boxed{\text{相等}}\longrightarrow\quad \text{真正的面積}$$

和步驟 5 的圖形相呼應，對吧？

3 積分的公式

公式 3-1 積分的公式

$$\int_a^b f(x)\,dx + \int_b^c f(x)\,dx = \int_a^c f(x)\,dx \qquad\text{——(1)}$$

（同函數的定積分，只要連接其各區間即可。）

$$\int_a^b \{f(x) + g(x)\}\,dx = \int_a^b f(x)\,dx + \int_a^b g(x)\,dx \qquad\text{——(2)}$$

（和的定積分可分為定積分的和。）

$$\int_a^b \alpha f(x)\,dx = \alpha \int_a^b f(x)\,dx \qquad\text{——(3)}$$

（常數倍的定積分等同於定積分後的常數倍。）

(1)～(3)在畫出近似階梯函數的圖後，即可立即明白。

(1)
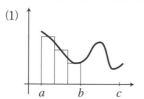 ＋ 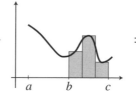 ＝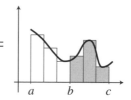

(2)
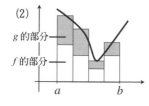 ＝ 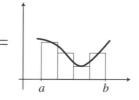 ＋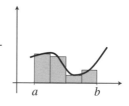

g 的部分——
f 的部分——

(3)
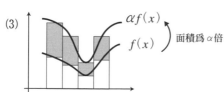

$\alpha f(x)$
$f(x)$
面積為 α 倍

果然沒錯

雖然上課是半強迫式的，但妳應該可以理解吧！

太棒了！終於結束了。

來、增井，盡情地喝吧！

這原本就是我的酒呀！

陶醉

有殺氣！不妙！

對了，有件事非得要妳幫忙不可。請到資料室去！

資料室

拖拖拖

資料室

引間，我記得應該是在 1 年前
左右，算田工學院大學曾有一
個小組專門分析風的路徑，並
將其運用在建築設計上。

妳可以幫我確認一下他們後來
的研究進展嗎？

當然沒問題呀！
不過為什麼不讓
我加入啊！

哼

哼

嗯？

關翔

關翔……
這是關以前寫的
報導！

他究竟寫了
什麼報導呢？

○×灣汙染擴大

原因在於K企業所排放的廢棄物

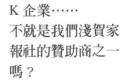

K企業……
不就是我們淺賀家報社的贊助商之一嗎？

他是因爲這樣才被派到這裡的吧！

他偏偏寫了關於公司贊助商的告發報導……

妳調查到什麼了嗎？

開門

驚

沒……
沒什麼，

這個提案很有趣喔！
為了消除都市熱島效應，而計畫建造能起風的建築……

喔！
聽起來不錯。

那是什麼樣的建築呢？

啊……

目露兇光

啊……我、我現在馬上打電話詢問。

電話？

暴怒

怎麼可以用電話問呢！
新聞報導都是
用腳跑出來的！

快去親自
採訪！

爲了懲罰妳，妳要
針對他們的理論是
否能寫成數學式的
方向去採訪。

是的！
我馬上出發。

淺
算
支
社

需求曲線和
供給曲線……

需求曲線和
供給曲線……
在經濟學上認為，

這兩條曲線的交
點可決定交易價
格和數量。

這是
常識呀！

這不單純是
「交易決定於
此」這麼簡單
而已。

事實上，在該點
所進行的交易被
視為最適合社會
的。

哇～眞厲害！

微積分報社

沒錯。只要使用
微積分的基本定
義就可以簡單理
解哦！

供給曲線

首先，來思考看看在完全競爭市場下的企業的最大利潤。

設某商品生產 x 單位時的利潤 $\Pi(x)$，其中成本爲 $C(x)$，

$\boxed{\Pi(x)}$ $\boxed{p}$ $\boxed{x}$ $\boxed{C(x)}$

（利潤）＝（價格）×（生產量）－（成本）＝ $px - C(x)$

在此，設使利潤 $\Pi(x)$ 最大化時的 x 爲 x^*，

由於 $\Pi(x)$ 的 x^* 微分 $\Pi'(x^*) = 0$，

因此，$\Pi'(x^*) = p - C'(x^*) = 0$。

這裡的 $p = C'(x^*)$ 就稱為供給曲線。

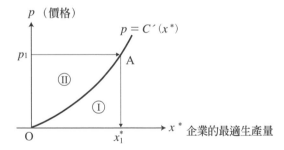

設現有價格 p_1，則形成 $p_1 \to A \to x_1^*$，由此便可決定企業的最適生產量。

102

此時，長方形 Op_1Ax_1^* 的面積相當於（價格）×（生產量）。

①的面積可用積分求得。

$$\int_0^{x_1^*} C'(x^*)\, dx^* = C(x_1^*) - C(0) = C(x_1^*) = （費用）$$

這裡使用基本定理　　　為了簡化，視 $C(0) = 0$

因此，可得知利潤 $\Pi(x_1^*)$ 為⑪的面積（（長方形面積）−（①的面積））。

需求曲線

接下來，請想看看對消費者而言的最大利益。

設消費者消費 x 單位的商品時，取得的價格為 $u(x)$，則消費者的利益 $R(x)$ 為

$$R(x) = （消費的價值） - （支付的金額） = u(x) - px$$

此消費者利益最大時，即為 $R(x)$ 為最大時。

此時消費量 x^{**} 則是 $R(x)$ 的微分在 x^{**} 的值為 0 時，因此

（由於微分 $= 0$）　　$R(x^{**}) = u'(x^{**}) - p = 0$

此時的 $p = u'(x^{**})$ 就稱為需求曲線。

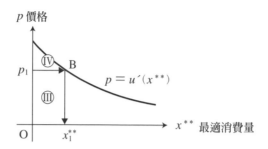

接下來，我們來看長方形 $Op_1Bx_1^{**}$ 的面積。

長方形 $Op_1Bx_1^{**}$ 的面積相當於（價格）×（消費量）。

因此，⑪的面積（長方形 $Op_1Bx_1^{**}$）相當於支付的金額。

⑪＋Ⅳ的面積可用積分求得。

$$\int_0^{x_1^{**}} u'(x^{**})\, dx^{**} = u(x^{**}) - u(0) = u(x_1^{**})$$

為了簡化，視 $u(0) = 0$

＝消費的總價值

因此，可得知Ⅳ為（消費者的利益）。

由消費的總價值 ⑪＋Ⅳ 扣除支付的金額 ⑪ 之後，即為消費者的利益 Ⅳ。

對。那麼，最後將供給曲線和需求曲線合在一起看看吧！

將利潤＋消費者利益＝社會利益
總整理後，可得右圖。

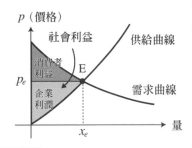

交易若未在交點 E 發生，會
發生什麼狀況呢？

就如同右圖的「空隙」部分，
社會利益將會減少。

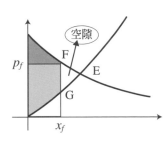

都理解了嗎？

是。我也要
利用微積分
來寫報導。

我認為速度、
自由落體之類
的題材很不錯
喔！

我去調查囉！

105

平成□年（200○年）
□月□日 第 006 號

微分積分報（BISEKI）The Biseki Shinbun
發行人　引間乘子
微積分日報編輯部　算田町大字大森字小森下

微積分日報

微積分之歌…⑥
引間乘子

這我想變成的人
這樣的人
不怕博學多聞
冷靜地頭腦
不夾帶個人情感
將社會上的事
流暢地操控
數學式
聽懂的頭腦
我有如此分分
不怕積分
不怕微分
不怕雨

速度的積分 實際上就是距離

速度的積分＝位置的差距＝移動的距離。若能理解這個公式，則可以順利地計算速度時刻都在變化的運動……真的是這樣嗎？將由本刊寄與厚望的新人記者引間來為您揭開真相。

速度的英文為 Velocity，因此取其 v，並將 $F'(x)$ 寫成 $v(x)$ 後，基於微積分基本定理，會形成算式 2。

真相似乎就快要顯現於眼前了。如同圖 1 的 A 一般，希望你將算式 2 中的 $v(x)$ 畫成圖形來看。圖 1 A 中的灰色部分即為速度的面積。

世上有一點就汗有時也變管用的。

那麼，用以表示在 y 軸上移動的增井，在 x 秒後的位置者為圖的算式 1。

這個算式 1 的導函數 $F'(x)$ 為 x 秒後的「瞬時速度」。

通的人，也有無法掌握要領的人。曾由本刊的增井記者示範給我們看的汗流挾背地增井，在 y 軸上移動的身子。讀者們可隨著增井汗流挾背的前進，回想起距離的微分為速度。增井的影

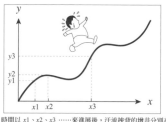

時間以 $x1$、$x2$、$x3$ ……來進展後，汗流挾背的增井分別在 y 軸的 $y1$、$y2$、$y3$……前進，因此以 $y = F'(x)$ 來表示。

算式 1　$y = F(x)$

算式 2　$\displaystyle\int_a^b v(x)\,dx = F(b) - F(a)$

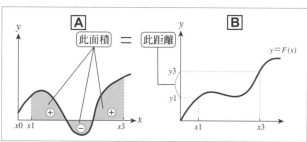

A　此面積　＝　此距離

B　$y = F(x)$

圖1

速度的積分＝位置的差

理解這則公式的記者也可以計算速度時時刻刻都在變化的運動。應該可以。不對，是希望可以。

此外，請你看算式 1 畫成圖表後的圖 B。y 軸是汗流挾背的增井所移動的距離，也就是位置的差距，將圖 1 的 A 和 B 併排在一起看時，居然發現了……速度的積分＝位置的差距。

從東京鐵塔落下的物體　幾秒後著地？

請重新審視我們視爲理所當然的事，這就是最近對微積分大開眼界的記者之心情。

世上有許多理所當然的事。然而，在這些事情中卻具有其秩序，因此才會變得理所當然。

例如，放開手中握有的物品會落下。這也可說是速度時刻都在變化的運動。而此運動可用微積分公式巧妙地掌握。

前言雖然有點冗長，但這是從對微積分多少產生了些自信的記者，發自內心的題材。

『物體從東京鐵塔的頂端落下後，幾秒後會著地呢？』

『到東京鐵塔試著丟東西看看不就知道了嗎！』忽略增井所言，我想要進一步考察。那麼，Let's Go！

大家都知道當物體落下時的速度增加方式爲重力加速度（註1）。也就是物體落下速度爲每秒約9‧8m／秒的速度增加。這是誰決定的呢？答案是並非任何人。而是受到地球重力的影響。那麼，表示T秒間物體落下多少距離的數學式爲左列的算式1。

速度的積分爲位置的差距，意即移動距離，因此參考圖1和圖2後，可導出算式2。因此算式2中，在T秒間落下的距離

東京鐵塔的高度爲333公尺，因此可以用333來計算。如此一來，333除以4‧9，3的平方即爲解答！計算後約爲8‧2。所以，從東京鐵塔的頂端落下的物體約在8‧2秒後著地。（先暫且忽略空氣阻力。）

註1 重力加速度 $9.8m/s^2$

算式1　$F(T) - F(0) = \int_0^T v(x)\,dx = \int_0^T 9.8x\,dx$

速度
$v(x) = 9.8x$
$9.8t$
時間
t
圖1

速度的面積
$9.8 \times t \times \dfrac{1}{2} = 4.9t^2$
落下距離

距離
$4.9t^2$
時間
t
圖2

算式2　T秒間的落下距離 $= 4.9T^2 - 4.9 \times 0^2 = 4.9T^2$

$333 = 4.9T^2 \longrightarrow T = \sqrt{\dfrac{333}{4.9}} = 約 8.2$

答案：約8.2秒。

擲出骰子！骰子也符合微積分基本定理

從機率的密度函數和分佈函數來了解。

骰子＝Dice。

各位讀者們，你們想到什麼了呢？孩提時代，你們是否有玩過雙六呢？這自古流傳下來的六面體可不僅可用於遊戲，還可用於占卜、賭博等，以各種不同的「風貌」展現在世人面前，可說是世界上最小的亂數發生裝置。骰子可是很了不起的。

那麼，在此又想到什麼了呢？在此要以微積分的「觀點」來擲骰子。骰子的點數有 1、2、3、4、5、6，此情況下，每種點數的機率都相同，因此可得圖 1。將此寫成算式後，形成算式 2。

縱軸為出現某點數的機率。橫軸為出現的骰子的點數。擲出骰子得到數為 x 的機率（ $f(x)$ ＝骰子的點數為 x 的機率），如算式 1 所示。例如，出現 4 的情況下，如算式 2 所示。在此以長條圖來表示。

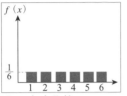

圖 1　密度函數

算式 1　$f(x) =$（骰子點數為 x 的機率）

算式 2　$f(4) = \dfrac{1}{6}$（點數為 4 的機率）

請你看圖 2。此圖的意義為骰子點數的分佈函數。請仔細觀察橫軸值的首部分。先，橫軸值的首部分的機率為 0，未滿 1。請注意，1 的機率不存在。因此這部分的數值為 0。那麼，剛好為 $\frac{1}{6}$。因此這部分的機率攀升至 $\frac{1}{6}$ 時，那也就是機率攀升至 $\frac{1}{6}$ 以上未滿。

然後，為 2 時機率再攀升至 $\frac{2}{6}$。意即出現 2 以下的機率為 $\frac{2}{6}$。以下用同樣的想法。出現 6 以下的機率為 1。因為不可能得到無目的地擲骰子所得出的點數，也就是說出現 6 以下的機率為 1。接下來的想法，出現 3 的機率，也就是任何點數出現的機率，也一樣，未滿 3 的機率也是 3 的機率也是 $\frac{2}{6}$。然而，雖說 $\frac{2}{6}$，其實也是未滿 3，出現 1 或 2 的機率。以下用同樣的積分＝（微分後的函數差）相同！漫無目的地擲骰子所得出的點數，居然也隱含著微積分的秩序。骰子真是太厲害了！我最愛骰子了！

算式 3。這不就和微積分基本定理：（微分後的函數的積分）＝（原本的函數的差）相同！

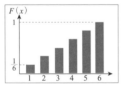

圖 2　分佈函數

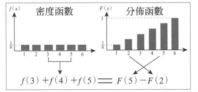

密度函數　　分佈函數

$$f(3)+f(4)+f(5) = F(5)-F(2)$$

圖 3　分佈函數 $F(x)$ 的微分＝密度函數 $f(x)$

$f(x) =$ 密度函數
$F(x) =$ 分佈函數

出現滿足 $a \le x \le b$ 之數值 x 的機率。
‖
算式 3　$\displaystyle\int_a^b f(x)\,dx = F(b)-F(a)$
（微分後的函數的積分）＝（原本的函數的差）

微積分基本定理

於 2 且在 5 以上的點數可用圖 2 的算式來說明。本來骰子只有 6 種點數，可用圖 1 和圖 2 的算式來說明。如此一看圖 3 的機率，可同時看圖 1 的機率，可用以下的點數大於 2 且在 5 以下的機率為平衡地站立。以下用同樣的想法，骰子的四處圓角可能出現 1 或 2 以下的機率為 $\frac{2}{6}$。以骰子的四處圓角平衡地站立。

限連續，則可導出但若將此細分為無子只有 6 種點數，可用圖 2 的算式來說明。

啪噠
採訪

啪噠
採訪～

驚

咻

咦？

咦？

咚

哎唷喂呀……
原來是夢。

嗯？

什麼？

啊

只差15分鐘就到
約定時間了！

算田町的
夏日祭典大會
的採訪～

關！
我現在馬上
趕過去。

5 微積分基本定理的確認

$F(x)$ 的導函數爲 $f(x)$ 時,也就是 $F'(x) = f(x)$,

$$\int_a^b f(x)\,dx = F(b) - F(a) \quad\text{——}(1)$$

或是同下

$$\int_a^b F'(x)\,dx = F(b) - F(a) \quad\text{——}(2)$$

就意義上來說表示爲:

$$\int_a^b (\text{微分後的函數})\,dx = (\text{從原來的函數的 } b \text{ 到 } a \text{ 的差})$$

而圖形上,則爲

$$\begin{pmatrix} \text{微分後的函數和 } x \text{ 軸和 } x = a \text{ 和} \\ x = b \text{ 所圍成的面積(附有符號)} \end{pmatrix} = \begin{pmatrix} \text{原本的函數中,從 } b \text{ 到 } a \text{ 的差} \end{pmatrix}$$

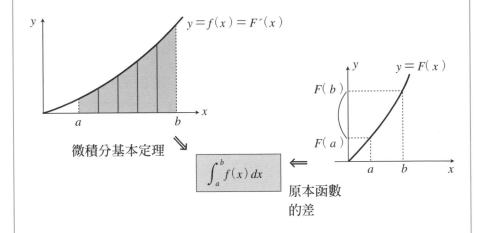

微積分基本定理

$\int_a^b f(x)\,dx$

原本函數
的差

110

代換積分※的公式

將變數 x 以變數 y 做變數轉換為 $x = g(y)$ 時，對 $f(x)$ 的定積分

$S = \displaystyle\int_a^b f(x)\,dx$ 的值，如何以 y 的定積分表示呢？

首先，將定積分以階梯狀的近似來表示。

$$S \sim \sum_{k=0,\,1,\,2,\cdots,\,n-1} f(x_k)(x_{k+1} - x_k) \qquad (x_0 = a,\ x_n = b)$$

在此，將 $x = g(y)$ 變數變換，則

為了使 $a = g(\alpha)$、$x_1 = g(y_1)$、$x_2 = g(y_2)$……、$b = g(\beta)$，

因此設 $y_0 = \alpha$、$y_1, y_2 \cdots\cdots, y_n = \beta$。

此時，根據 $g(y)$ 的近似一次函數，請注意

$$x_{k+1} - x_k = g(y_{k+1}) - g(y_k) \sim g'(y_k)(y_{k+1} - y_k)$$

將以上代入算式後，

$$S \sim \sum_{k=0,\,1,\,2,\cdots,\,n-1} f(x_k)(x_{k+1} - x_k) \sim \sum_{k=0,\,1,\,2,\cdots,\,n-1} f(g(y_k))\ g'(y_k)(y_{k+1} - y_k)$$

最後的式子即為將 $\displaystyle\int_\alpha^\beta f(g(y))\ g'(y)\,dy$ 近似計算所得。

因此，依據理想地仔細分割後，可得下頁公式。

※代換積分：Integration by Substitution。

公式 3-2 代換積分的公式

$$\int_a^b f(x)\,dx = \int_\alpha^\beta f(g(y))\,g'(y)\,dy$$

（應用實例）求 $\int_0^1 10(2x+1)^4 dx$。

令 $y = 2x + 1$，即以 $x = g(y) = \dfrac{y-1}{2}$ 做變數變換。

由於 $y = 2x + 1$，則 $x = g(y) = \dfrac{1}{2}y - \dfrac{1}{2}$，則 $g'(y) = \dfrac{1}{2}$。

然後，將原本的函數以 y 來做積分，則

$0 = g(1)$ ，$1 = g(3)$ ，則積分的範圍為 $1 \sim 3$。

$$\int_0^1 10(2x+1)^4 dx = \int_1^3 10y^4\,\frac{1}{2}\,dy = \int_1^3 5y^4 dy = 3^5 - 1^5 = 242$$

第3章 練習問題

1. 請計算以下的定積分。

(1) $\int_1^3 3x^2 dx$ (2) $\int_2^4 \dfrac{x^3+1}{x^2}\,dx$

(3) $\int_0^5 x + (1+x^2)^7 dx + \int_0^5 x - (1+x^2)^7 dx$

2. 請計算以下的定積分。

(1) 請將 $y = f(x) = x^2 - 3x$ 的圖表與 x 軸所圍成的面積以定積分的算式來表示。

(2) 請計算(1)的面積。

第4章

用積分來克服
難纏的函數吧！

說的也是！
我菜鳥時，還沒有那種方便的東西。

所以快要來不及交稿時，時常都用公共電話聯絡⋯⋯

然後透過電話對留守在公司的工讀生，一字一句念稿給他聽。

哇～
眞難以想像。

電波眞的幫了我們大忙。

除了生活中常出現的電波外，自然界中還有各種波動哦！

海浪、地震、音波等，光也是喔！

115

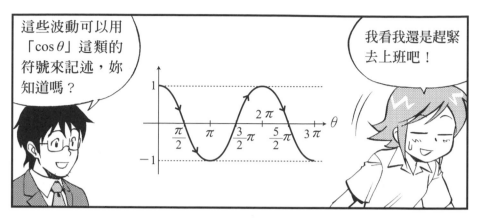

這些波動可以用「cos θ」這類的符號來記述，妳知道嗎？

我看我還是趕緊去上班吧！

引間—

順道一提，將上衣的袖子切開後，就形成了 cos θ 的圖表。

三角函數對於服裝設計也很重要哦！

是、是。

燒烤

烤玉米

可麗餅

快拍那個！那就是 $\cos\theta$。

什麼？

快看她們。這可是絕佳的機會，可以在採訪的同時學習函數。

怎麼突然又……

有個角度的單位叫做「弧度※」。

rad

弧度……

不自覺又習慣性地抄起了筆記……

啊

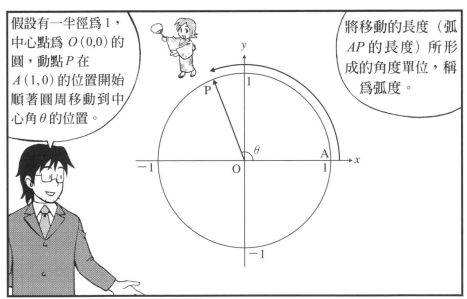

假設有一半徑為 1，中心點為 $O(0,0)$ 的圓，動點 P 在 $A(1,0)$ 的位置開始順著圓周移動到中心角 θ 的位置。

將移動的長度（弧 AP 的長度）所形成的角度單位，稱為弧度。

※弧度：radian 也稱為 rad。

若圓周＝2π，
則，
90 度＝$\dfrac{\pi}{2}$ rad、
180 度＝π rad。

從現在起，角度的單位一律使用 rad。

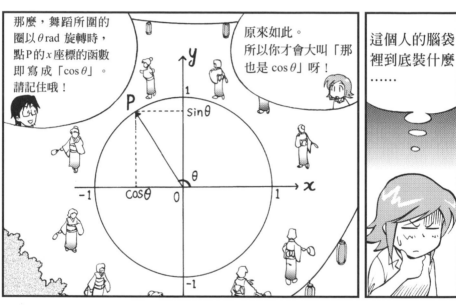

那麼，舞蹈所圍的圈以 θ rad 旋轉時，點P的x座標的函數即寫成「$\cos\theta$」。請記住哦！

原來如此。所以你才會大叫「那也是 $\cos\theta$」呀！

這個人的腦袋裡到底裝什麼……

同樣的道理，y 座標則寫成「$\sin\theta$」。

是哦。

引間！快看！

轉

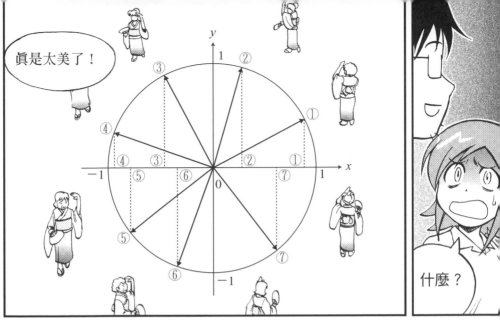

真是太美了！

什麼？

美？

呵呵

妳看！隨著 θ 增大，$\cos\theta$ 的值由 1 逐漸變小至 0，再變小至 −1。之後又增大至 0，再回復為原本的值……如此重覆循環。

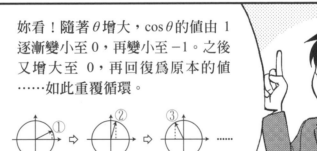

簡而言之，$\cos\theta$ 就是在 1 和 −1 之間振動囉！

是的。
因為三角函數表示波動，因此是解開自然界許多現象的工具哦！

哇！婆婆們似乎誤會你的意思，正盡力地揮舞！

實在是太美啦！

這個祭典真是出乎意料地盛大吧？

是呀！不過你怎麼會拿著太鼓的鼓棒呢？

咚咚咚

因為祭典呀！

原來如此。

妳知道嗎？影子的長度＝棒子的長度×cos θ 哦！

嗯！雖然有點意外，但好像有點印象。

那麼，我們就來正式地解說一下吧！

啪

120

太陽從正上方照射，斜放的鼓棒 AB 與地面呈 θ 度。

若此時的影子（正射影）為 AC，則影子 AC 的長度＝鼓棒 AB 的長度 $\times \cos\theta$。

原因為 $\triangle OPQ$ 和上面的 $\triangle ABC$ 的每個角均相同。

由於兩者「相似」，因此
$AB : AC = 1 : \cos\theta$，
可得 $AC = AB \times \cos\theta$。

也就是說，cos 是指表示往某方向映出影子時的縮小率。

121

接下來，若使 x 軸旋轉 90 度（$\frac{\pi}{2}$ rad），則成為 y 軸，所以 $\sin\theta$ 僅比 $\cos\theta$ 少旋轉 $\frac{\pi}{2}$，則可得出相同數值的函數。

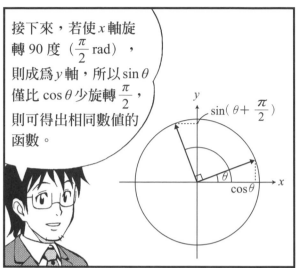

意即
$\sin\left(\theta+\frac{\pi}{2}\right)=\cos\theta$。

$Sin\left(\theta+\frac{\pi}{2}\right)=\cos\theta$

$\cos\left(\theta+\frac{\pi}{2}\right)=-Sin\theta$

……？
怎麼了嗎？

可以還我鼓棒了嗎？

好！算田區的夏日祭典，現在要正式開始囉！

冒冷汗

122

3 三角函數可提前得知積分

我幫兩位安排了特別座，注意別摔倒，多拍些好照片吧！

包在我身上！

那麼，來思考一下 $\cos\theta$ 的微積分吧！

咚咚

關，你的動作和說話內容很不搭哦！

其實積分比微分更容易求得喔！

從這裡可以清楚看到祭典的圓圈。機會難得，我們就來思考看看吧！

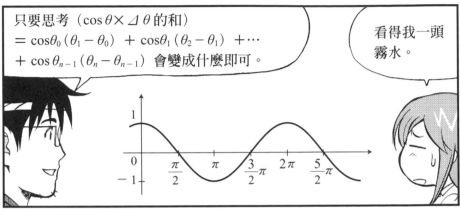

只要思考（$\cos\theta \times \varDelta\theta$ 的和）
$= \cos\theta_0(\theta_1-\theta_0) + \cos\theta_1(\theta_2-\theta_1) + \cdots$
$+ \cos\theta_{n-1}(\theta_n-\theta_{n-1})$ 會變成什麼即可。

看得我一頭霧水。

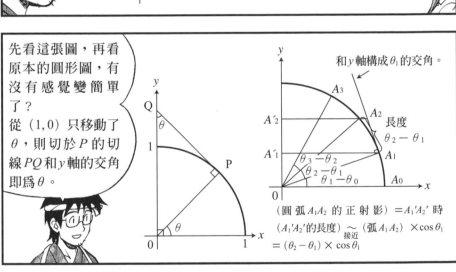

先看這張圖，再看原本的圓形圖，有沒有感覺變簡單了？
從（1，0）只移動了 θ，則切於 P 的切線 PQ 和 y 軸的交角即為 θ。

和 y 軸構成 θ_1 的交角。

長度 $\theta_2-\theta_1$

（圓弧 A_1A_2 的正射影）$= A_1'A_2'$ 時
$(A_1'A_2'$ 的長度）$\underset{\text{接近}}{\sim}$（弧 A_1A_2）$\times \cos\theta_1$
$= (\theta_2-\theta_1) \times \cos\theta_1$

炒麵

嘶嘶

嘶嘶

增井…
這傢伙…

吃炒麵……

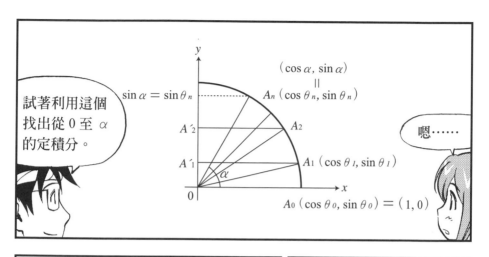

試著利用這個找出從 0 至 α 的定積分。

$\sin \alpha = \sin \theta_n$

$(\cos \alpha, \sin \alpha)$
$=$
$A_n (\cos \theta_n, \sin \theta_n)$

A'_2　　　A_2

A'_1　　　$A_1 (\cos \theta_1, \sin \theta_1)$

α

0

x

$A_0 (\cos \theta_0, \sin \theta_0) = (1, 0)$

嗯……

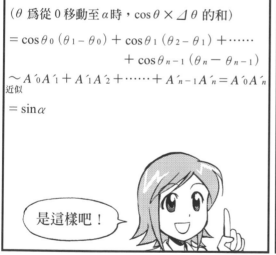

(θ 為從 0 移動至 α 時，$\cos \theta \times \varDelta \theta$ 的和)

$= \cos \theta_0 (\theta_1 - \theta_0) + \cos \theta_1 (\theta_2 - \theta_1) + \cdots\cdots$
$\qquad\qquad + \cos \theta_{n-1} (\theta_n - \theta_{n-1})$

$\sim A'_0 A'_1 + A'_1 A'_2 + \cdots\cdots + A'_{n-1} A'_n = A'_0 A'_n$
近似
$= \sin \alpha$

是這樣吧！

沒錯。將此無限細分後，

也就是 cos 的積分會變成 sin。

$$\int_0^\alpha \cos\theta\, d\theta = \sin\alpha - \sin 0$$

那麼，相反地，sin 的微分會變成 cos 囉？

正確！整理成公式讓妳記住吧！

$$\int_0^\alpha \cos\theta \, d\theta = \sin\alpha - \sin 0 \qquad —— ①$$

所以，

$$(\sin\theta)' = \cos\theta \qquad —— ②$$

試著在②式中，將 θ 換成 $\theta + \dfrac{\pi}{2}$。

$$\left(\sin\left(\theta + \frac{\pi}{2}\right)\right)' = \cos\left(\theta + \frac{\pi}{2}\right)$$

則形成 $(\cos\theta)' = -\sin\theta \qquad —— ③$

加以微分、積分後，cos 和 sin 會互換。

微微

好的！
那麼，來唱唱
微積分合唱曲吧！

真是奇怪
的聲音…

微微

分分

微積分合唱曲
三角函數版

<舞蹈動作解說>

【兩手高舉至右上方】

【一邊跳躍，
手一邊揮向左方】

微微是分！

【再次跳躍，兩手於
身體前方拍兩下】

微微、分分、
微微是分！

難以了解的道理也能用合唱曲來表現。眞是有點～

sin、cos，在圓圈中做微積分。

【兩手做萬歲手勢形成一個圓】

sin 的微分為 cos，

【兩手做 S 手勢】

sin

$(\sin\theta)' = \cos\theta$

cos 的積分為 sin

【兩手做 C 手勢】

cos

$\int_0^\alpha \cos\theta\, d\theta = \sin\alpha$

sin、cos，在圓圈中用微積分互換～

【右手和左手交替上下揮舞】

啊～就是這樣！

增井也一起跳嘛！

不行啦！我都還沒吃遍一半的攤子！

你是來採訪的吧！

那妳怎麼穿成這樣來採訪呀！

喂！你們兩人要無所事事到什麼時候？這樣會趕不上明天的早報哦！

無力

真是的！不能因為是祭典就過度放鬆自己呀！

咚

啪

自己還不是一樣……

4　指數和對數

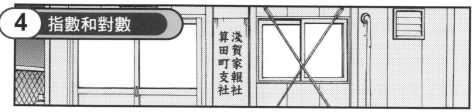

淺賀家報社
算田町支社

好了！
傳送。

呼～
終於寄出稿件了。

實在是多虧了電腦和網路，大大改變了我們記者的工作樣貌。

收件者

傳送

順道一提，電腦所處理的資訊是以 0 和 1 兩種符號來處理，也就是用「位元（bit）」的行列表示。

這我知道哦！
雖然只知道一點點。

是呀！

沒有……
要再多說一點嗎？

電腦以 2 進位法來處理資訊，因此 1 位元有 0、1 兩種型態。2 位元有 00、01、10、11 等四種型態。3 位元則有 8 種型態，也就是 n 位元會有 2^n 種型態。

如果用 x 位元可表示的型態數，寫成 $f(x)$ 的話，則可得
$$f(x) = 2^x$$
這個指數函數※。

指數函數

指數函數？

指數函數是可用來表示經濟成長等時間性增加的函數。

嗯，例如……

1950 年代的日本正處於經濟高度成長的階段，年經濟成長率曾高達 10%。

那時，年收入 500 萬日圓的人，隔年會上漲到 550 萬。

由於收入增加 10%，因此比起去年可多享受 10% 的商品或服務。

※指數函數：Exponential Function。

原來曾有那樣美好的時代！
如果是我，我會買一堆衣服吧……

請冷靜！

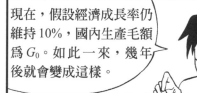

現在，假設經濟成長率仍維持 10%，國內生產毛額為 G_0。如此一來，幾年後就會變成這樣。

一般而言，n 年後的國內生產毛額 G_n 為多少呢？

$$G_n = G_0 \times 1.1^n$$

1 年後的國內生產毛額
$$G_1 = G_0 \times 1.1$$
2 年後的國內生產毛額
$$G_2 = G_1 \times 1.1 = G_0 \times 1.1^2$$
3 年後的國內生產毛額
$$G_3 = G_0 \times 1.1^3$$
4 年後的國內生產毛額
$$G_4 = G_0 \times 1.1^4$$
5 年後的國內生產毛額
$$G_5 = G_0 \times 1.1^5$$

順道一提，
$G_7 = G_0 \times 1.1^7 \fallingdotseq G_0 \times 1.95$，
因此，7 年後就約成長為 2 倍。

2倍

哇～
如果薪水變成 2 倍，該買什麼好呢…

那麼，像這樣
$f(x) = a_0 \times a^x$ 的
函數就稱為指數函數。

年經濟成長率 α
可用
$f(x) = a_0 \times (1 + \alpha)^x$
的指數函數來表示。

話說回來,我們剛才提到的位元是用來表示資訊的符號,對吧?

對!
1位元有2種型態,
2位元有4種型態。

位元也是一種指數函數哦!設 x 位元有 $f(x)$ 種型態,則 $f(x)=2^x$。
另外,還有將型態數回復為位元的「反函數[1]」。

反函數

很簡單呀!
只要逆向思考就行了。

2 種型態 ➡ 1 位元
4 種型態 ➡ 2 位元
8 種型態 ➡ 3 位元
⋮

也就是說,
2^n 種型態,
即為 n 位元。

那麼,我們來試著將 y 種型態回復為位元的「$f(x)$ 的反函數」寫成 $g(y)$ 吧!

會得到
$g(2)=1$、
$g(4)=2$、
$g(8)=3$、
$g(16)=4$……

換句話說,f 和 g 的關係可用 $g(f(x))=x$ 及 $f(g(y))=y$ 來表示。

指數函數的反函數稱為「對數函數[2]」,請記得用「log」的記號來表示。

『log』

若為以上的例子,則可寫成 $g(y)=\log_2 y$。

$\log_2 2=1$、$\log_2 4=2$、
$\log_2 8=3$、$\log_2 16=4$
……對吧?

※ 1:反函數:Inverse Function。　　　　※ 2:對數函數:Logarithmic Function。

5 想將指數和對數一般化

指數和對數雖然非常便利，但目前為止的定義中，將 $f(x)=2^x$ 的 x 僅限於自然數。而 $g(y)=\log_2 y$ 的 y 僅限於 2 的累乘，因此，尚未對於 2 的 -8 次方、2 的 $\frac{7}{3}$ 次方、2 的 $\sqrt{2}$ 次方、$\log_2 5$、$\log_2 \pi$ 等做定義。

因此，現在在要教妳該如何將這些例子的指數及對數做一般性的定義。

咦？那該怎麼辦呢？

不錯，妳有在聽呢！
我也會使用以往的微積分力量哦！

首先，試著將年的「成長率」加以「瞬間化」。

$$年成長率 = \frac{(1\ 年後的值)-(現在的值)}{(現在的值)} = \frac{f(x+1)-f(x)}{f(x)}$$

會變成這個式子，對吧！

接著，將此發展為「瞬間成長率」！算式如下。

瞬間成長率＝將 $\left(\dfrac{（稍後的值）-（現在的值）}{（現在的值）} \div （經過的時間） \right)$ 理想化後的值

$= $ 令 $\varepsilon \to 0$ 時的 $\left(\dfrac{f(x+\varepsilon)-f(x)}{f(x)} \dfrac{1}{\varepsilon} \right)$

$= \displaystyle\lim_{\varepsilon \to 0} \dfrac{1}{f(x)} \dfrac{f(x+\varepsilon)-f(x)}{\varepsilon} = \dfrac{1}{f(x)} f'(x)$

換言之，可定義為
「瞬間成長率」$= \dfrac{f'(x)}{f(x)}$。

在此，我們試想「瞬間成長率」＝一定的函數

則，$\dfrac{f'(x)}{f(x)} = c$（c 為常數）。

另外，特別令 $c = 1$，則試著求出

$\dfrac{f'(x)}{f(x)} = 1$ 時的 $f(x)$。

求出？該、該怎麼做呢？

1　首先，將此類推為指數函數。

由於 $f'(x) = f(x)$ —— ☆
則 $f'(0) = f(0)$ —— ①
在此若 h 十分接近 0，則請想起
$f(h) \underset{\text{近似}}{\sim} f'(0)(h-0)+f(0)$。

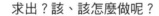

134

由①可得，$f(h) \sim f(0)h + f(0)$

$\qquad f(h) \sim f(0)(1+h)$ —— ②

接下來，如果 x 非常接近 h，則

$\qquad \underset{\text{近似}}{f(x) \sim} f'(h)(x-h) + f(h)$

因此，設 x 爲 $2h$，（利用 $f'(h) = f(h)$）

$\qquad$ 則 $f(2h) \sim f(h)h + f(h) = f(h)(1+h)$（此處代入②）

$\qquad\qquad\qquad \sim \{f(0)(1+h)\}(1+h) = f(0)(1+h)^2$

意即，

$\qquad f(2h) \sim f(0)(1+h)^2$。

以下依此類推，做出 $3h$、$4h$、$5h$……，直到 $mh = 1$ 時，則

$\qquad f(1) = f(mh) \sim f(0)(1+h)^m$。

同樣地，

$\qquad f(2) = f(2mh) \sim f(0)(1+h)^{2m} = f(0)\{(1+h)^m\}^2$

$\qquad f(3) = f(3mh) \sim f(0)(1+h)^{3m} = f(0)\{(1+h)^m\}^3$

也就是，

$\qquad f(n) \sim f(0) \times a^n \qquad$（設 $a = (1+h)^m$），

如此，你大概就可了解指數函數了！※註1

※註1：

由於 $mh = 1$，因此 $h = \dfrac{1}{m}$。如此一來，$f(1) \sim f(0)\left(1 + \dfrac{1}{m}\right)^m$。

此處設 $m \to \infty$，則可表示爲 $\left(1 + \dfrac{1}{m}\right)^m \to e$。

意即 $f(1) = f(0) \times e$，這與本書之後的內容（第139頁）道理相同。

2　接下來，讓我們來徹底查明 $f(x)$ 是否確實存在及 $f(x)$ 究竟是什麼。

請將 $y=f(x)$ 的反函數寫成 $x=g(y)$。

由（☆）中的 $f'(x)=f(x)$，可得知 $f(x)$ 的微分即為 $f(x)$ 本身。如此一來，則無法得知任何事情。那麼，$g(y)$ 的微分到底是什麼呢？

$$g'(y) = \frac{1}{f'(x)} \qquad\qquad ③$$

※註2
一般而言會變成這樣。

$$g'(y) = \frac{1}{f'(x)} = \frac{1}{f(x)} = \frac{1}{y} \qquad ④$$

會變成這樣。可得知反函數 $g(y)$ 的微分為具體的函數 $\frac{1}{y}$。

若為如此，則可使用「微積分基本定理」。即，

$$\int_1^\alpha \frac{1}{y}\,dy = g(\alpha) - g(1) \qquad ⑤$$

在此，設 $g(1)=0$……

由於已知 $g'(y)=\frac{1}{y}$，則函數 $g(\alpha)$ 只要將 $\frac{1}{y}$ 從 1 至 α 做積分後即可得知。

就是 $g(\alpha)=\displaystyle\int_1^\alpha \frac{1}{y}\,dy$，對吧！

很棒！接下來，請試著畫出 $z=\dfrac{1}{y}$ 的圖表。

※註2：如第 75 頁所示，將 $y=f(x)$ 的反函數設為 $x=g(y)$ 時，則 $f'(x)\,g'(y)=1$。

136

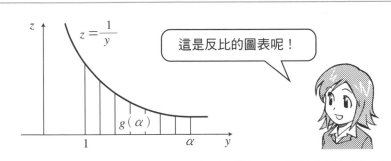

這是反比的圖表呢！

我們將從 1 至 α 的範圍定義為本圖表和 y 軸所圍成的面積 $g(\alpha)$ 的函數。這實際狀況很清楚表示的函數。也就是函數 $g(\alpha)$ 中，α 為分數，亦或為 $\sqrt{2}$，都明確地定義在其中了。

由於 $z = \dfrac{1}{y}$ 為具體的函數，所以面積也可清楚地求知。

由於 $g(1) = \displaystyle\int_1^1 \frac{1}{y}\,dy = 0$，因此 $\displaystyle\int_1^\alpha \frac{1}{y}\,dy = g(\alpha) - g(1)$，並滿足⑤。

如此一來，可得知反函數 $g(y)$ 的真實面貌。因此也可得知原本的 $f(x)$。

那……我們淺賀家報社最近的成長率如何呢？

……

我不會被嚇到。請告訴我實情。

有、有嚴重到需要哭嗎？

6 指數函數和對數函數的總整理

1 $\dfrac{f'(x)}{f(x)}$ 可視爲成長率。

2 滿足$\dfrac{f'(x)}{f(x)} = 1$的$y = f(x)$，我們可說其成長率爲固定值 1 的函數。

這是指數函數的一種。因此，

滿足 $f'(x) = f(x)$ —— ☆。

3 若將$y = f(x)$的反函數寫成$x = g(y)$，則

$g'(y) = \dfrac{1}{y}$ —— ☆☆。

4 若將呈反比的圖表的面積$h(y) = \dfrac{1}{y}$

$$\int_1^\alpha \frac{1}{y}\,dy$$

定義爲$g(\alpha)$，則滿足☆☆，又$g(1) = 0$的函數爲$f(x)$的反函數。

5

將使$g(y) = 1$的y，也就是將從 1 至 α 的 $\dfrac{1}{y}$ 和y軸所圍成的面積爲 1 的 α 寫成e（稱爲自然對數的底）。

e 大約爲 2.7 的無理數。

138

由於 $f(x)$ 為指數函數，因此使用常數 a_0，則可寫成

　$f(x) = a_0 \, a^x$，此時，

　$f(g(1)) = f(0) = a_0 \, a^0 = a_0$。

　若 $f(g(1)) = 1$，則 $a_0 = 1$，

　而 $f(x) = a^x$。

同理，

　$f(g(e)) = f(1) = a^1$，

由於 $f(g(e)) = e$，

　則 $e = a^1$。

根據以上推論，則可寫成 $f(x) = e^x$。

反函數 $g(y)$ 為 $\log_e y$（可簡寫為 $\log y$。底為 e 的情況下通常可省略）。

請試著將前述的 $\boxed{1}$ 至 $\boxed{5}$，以 e^x 和 $\log y$ 來改寫。

$\boxed{6}$　$f'(x) = f(x) \Leftrightarrow (e^x)' = e^x$

$\boxed{7}$　$g'(y) = \dfrac{1}{y} \Leftrightarrow (\log y)' = \dfrac{1}{y}$

$\boxed{8}$　$\boxed{4} \Leftrightarrow \displaystyle\int_1^y \frac{1}{y} \, dy = \log y$

$\boxed{9}$　為了對位元的函數 2^x 中的所有實數 x 做定義，只要將

　　$f(x) = e^{(\log 2) x}$（x 為所有實數）即可。

　這是因為 e^x 和 $\log y$ 為反函數的關係，因此

　$e^{\log 2} = 2$。

　則對於自然數 x，可得

　　$f(x) = (e^{\log 2})^x = 2^x$。

$$\frac{1}{x} = x^{-1} , \frac{1}{x^2} = x^{-2} , \frac{1}{x^3} = x^{-3} , \cdots\cdots$$

$$\sqrt{x} = x^{\frac{1}{2}} , \sqrt[3]{x} = x^{\frac{1}{3}} , \sqrt[5]{x^4} = x^{\frac{4}{5}} , \frac{1}{\sqrt[4]{x}} = x^{-\frac{1}{4}} ,$$

……等各種函數可以 $f(x) = x^\alpha$ 來表示。

此時，正常來說，下述的公式會成立。

公式 4-2 | 累乘函數的微分公式

$f(x) = x^\alpha$，則 $f'(x) = \alpha x^{\alpha-1}$

（例題）

$$f(x) = \frac{1}{x^3} , \text{則} f'(x) = (x^{-3})' = -3x^{-4} = -\frac{3}{x^4}$$

$$f(x) = \sqrt[4]{x} , \text{則} f'(x) = (x^{\frac{1}{4}})' = \frac{1}{4}x^{-\frac{3}{4}} = \frac{1}{4\sqrt[4]{x^3}}$$

（證明）

試著將 $f(x)$ 以 e 表示。若 $e^{\log x} = x$，則

$$f(x) = x^\alpha = (e^{\log x})^\alpha = e^{\alpha \log x} \text{。}$$

因此，

$$\log f(x) = \alpha \log x \text{。}$$

兩邊加以微分後，

$$\frac{1}{f(x)} \times f'(x) = \alpha \times \frac{1}{x}$$

因此，

$$f'(x) = \alpha \times \frac{1}{x} \times f(x) = \alpha \times \frac{1}{x} \times x^\alpha = \alpha \times x^{\alpha-1}$$

> **部分積分的公式**

設 $h(x) = f(x)g(x)$，則由積的微分公式，可得

$h'(x) = f'(x)g(x) + f(x)g'(x)$。

因此，微分後所得的 $f'(x)g(x) + f(x)g'(x)$ 的函數（**原始函數**）是 $f(x)g(x)$，依微積分基本定理，可得

$$\int_a^b (f'(x)g(x)) + f(x)g'(x)) \, dx = f(b)g(b) - f(a)g(a)。$$

接著再使用和的積分公式，可得下述公式。

公式 4-3｜部分積分的公式

$$\int_a^b f'(x)g(x)\,dx + \int_a^b f(x)g'(x)\,dx = f(b)g(b) - f(a)g(a)$$

（**應用實例**）　請求出 $\int_0^\pi x \sin x \, dx$。

以部分積分的公式，設 $f(x) = x$，$g(x) = \cos x$，$a = 0$，$b = \pi$。

由 $\int_0^\pi (x)' \cos x \, dx + \int_0^\pi x(\cos x)' dx = \pi \cos \pi - 0 \times \cos 0$，

則 $\int_0^\pi \cos x \, dx - \int_0^\pi x \sin x \, dx = -\pi$。

因此可得，$\int_0^\pi x \sin x \, dx = \int_0^\pi \cos x \, dx + \pi = \sin \pi - \sin 0 + \pi = \pi$。

1. (1) $\tan x$ 被定義成 $\dfrac{\sin x}{\cos x}$ 的函數。請求出 $\tan x$ 的導函數。

   (2) 請計算 $\displaystyle\int_0^{\frac{\pi}{4}} \dfrac{1}{\cos^2 x}\,dx$。

2. 請求出使 $f(x) = x\,e^x$ 為最小值的 x。

3. 請求出 $\displaystyle\int_1^e 2x \log x\,dx$。

   (提示:請使用 $f(x) = x^2$,$g(x) = \log x$ 的部分積分)

泰勒展開式
即為優異的近似函數

1 近似多項式

淺賀家報社

哇！
好氣派呀！

真想在這裡
工作呀……

我有些事情要
談，請妳在大
廳等一下！

呿……我妨礙
到你了嗎？

嘿嘿—

144

她在幹什麼呀！
超可疑的……

唉呀！
有灰塵

擦擦

這上面的資料
和你寫的報導
相同。

啊……
這從哪裡來的？

是K企業。其實這
是一封寄給我們的
內部告發信件。
我們經多方查證已
確認了這封信的可
信度。

這件事我幫不
上什麼忙。

不過，我手邊有一些
尚未公開的採訪資料
可以借給你。

這真是為我打了
一劑強心針！

146

我實在太好奇
了嘛！
抱歉啦！

妳就是愛湊
熱鬧吧！

我還真沒想到
妳會跟到會客
室裡。

關……我非常擔心
呢！因為 K 企業是
淺賀家報社非常重
要的贊助商。如果
我們揭發了 K 企業
的不當行為，他們
一定會撤消贊助。

我也曾這麼想
過，不過……

這就是泰勒展開式※。

什麼？

※泰勒展開式：Taylor's Expansion。

147

所謂的微分，就是做出「近似一次函數」的作業。

這是爲了將事物單純化，找出大概的預測，所做的近似，對吧！

例如，有一函數 $f(x)$，設 $p = f'(a)$，$q = f(a)$，則 $x = a$ 的極接近值的話，$f(x) \sim q + p(x-a)$ 與 $f(x)$ 可以用一次函數做近似。

然而，隨著想要知道的內容不同，有時也會以二次函數及三次函數來近似。

是呀！例如，減肥後復胖的男偶像 K。（請參見第 22 頁）

很久沒舉例了，現在就來舉一個吧！

假設以利率爲年複利 x 借款 M 日圓。

如果 1 年後還，則需還款 $M(1+x)$，如果 2 年後還，則需還款 $M(1+x)(1+x)$，如果 n 年後還，則需還款 $M(1+x)^n$，寫成算式…

$$(1+x)^n = 1 + nx + \frac{n(n-1)}{2}x^2 + \frac{n(n-1)(n-2)}{6}x^3 + \cdots$$

就會變這樣。※註 1

※註 1　$(1+x)^n = 1 + {}_nC_1 x + {}_nC_2 x^2 + {}_nC_3 x^3 + \cdots + {}_nC_n x^n$

這是二項展開的公式，此處爲 ${}_nC_r = \dfrac{n!}{r!\,(n-r)!}$，

$${}_nC_1 = n,\ {}_nC_2 = \frac{n(n-1)}{2}\quad {}_nC_3 = \frac{n(n-1)(n-2)}{6},\ \cdots\cdots,\quad {}_nC_r = \frac{n(n-1)\cdots\{n-(r-1)\}}{r!}$$

只把前面的項式取出，便可將 $(1+x)^n$ 以一次函數 $1+nx$ 來近似。

然而，這必竟是太粗略的數字了，並不適當。

$$(1+x)^n \sim 1+nx$$
近似

如果是妳的話，應該會大意而因此不小心借了太多錢而墜落貸款地獄。

啊……請幫幫我吧！

此時，若使用二次函數來近似，則……

等、等一下！為什麼會從我們報社扯到泰勒展開式呢？

別慌張嘛！再聽我多說一點嘛！

公式 5-1 | 二次近似公式

$$(1 + x)^n \underset{近似}{\sim} 1 + nx + \frac{n(n-1)}{2}x^2$$

將本式稍微變形後，可得到相當有趣的法則喔！

關於滿足 $nx = 0.7$ 的 n 及 x 的組合，

$$(1 + x)^n \sim 1 + nx + \frac{n(n-1)}{2}x^2 \sim 1 + nx + \frac{1}{2}(nx)^2 \underbrace{- \frac{1}{2}nx^2}$$

由於接近 0，因此忽略掉。

$$\sim 1 + 0.7 + \frac{1}{2} \times 0.7^2 = 1.945 \sim 2$$

也就是，若 $nx = 0.7$，則 $(1 + x)^n$ 約爲 2。將此結論做成法則後，

[借貸痛苦之法則]
（借款年數）×（利率）= 0.7 時，還款金額約爲 2 倍。

以利率 2% 借款 35 年，還款金額約為 2 倍。
以利率 10% 借款 7 年，還款金額約為 2 倍。
以利率 35% 借款 2 年，還款金額約為 2 倍。

哇～～～
太恐怖了～～～

x^n 的 n 若大於 2，則稱為高次。

像這樣以二次函數近似後，可得到相當有趣的結論。
在此，不妨試著以更高次的多項式來近似。你會發現，其實在做出「無限次」的多項式後，不只可以「近似」，還可得到「幾乎相同」的結果。

例如，設 $f(x) = \dfrac{1}{1-x}$，

$(f(x)=)\ \dfrac{1}{1-x} = 1 + x + x^2 + x^3 + x^4 \cdots\cdots$（至無限）—— ①

請注意並非 ～ 而為「＝」！

不會吧！
怎麼可能是「＝」呢！

我就知道妳會這樣說。
那麼，來實際試算看看吧！

設 $x = 0.1$，

如此一來，$f(0.1) = \dfrac{1}{1-0.1} = \dfrac{1}{0.9} = \dfrac{10}{9}$

右項為，$1 + 0.1 + 0.1^2 + 0.1^3 + 0.1^4 + \cdots\cdots$

$= 1 + 0.1 + 0.01 + 0.001 + 0.0001 + \cdots\cdots$

$= 1.1111111\cdots\cdots$

然而，若將 $\dfrac{10}{9}$ 實際運算的話

確實會得到一致的結果。

$$
\begin{array}{r}
1.111\cdots\cdots \\
9\overline{)10} \\
9 \\
\hline
10 \\
9 \\
\hline
10 \\
9 \\
\hline
10 \\
9 \\
\hline
\vdots
\end{array}
$$

151

一般的函數（僅限可無限次微分者）$f(x)$ 以

$f(x) = a_0 + a_1x + a_2x^2 + a_3x^3 + \cdots + a_nx^n \cdots$ 表示時，

稱右項爲 $f(x)$ 的（$x = 0$ 時）「**泰勒展開式**」。

意思是，在包含 $x = 0$ 的某限制區間內，$f(x)$ 和無限次的多項式完全一致。然而，一旦超出此限制區間，則右項無法定爲「一個數」，則無意義，請務必特別注意。

例如，在剛才的①的兩邊，同時代入 $x = 2$，則

左項 $= \dfrac{1}{1-2} = -1$

右項 $= 1 + 2 + 4 + 8 + 16 + \cdots\cdots\rightarrow$

看吧！無法定爲一個數，對吧？

（順道一提，在①中，滿足 $-1 < x < 1$ 的所有 x 都可形成正確的式子。這就是此泰勒展開式的限制區間。專用上來說，稱此處的 $-1 < x < 1$ 爲收斂圓※。

※收斂圓：circle of convergence。

2 泰勒展開式的求法

設

$$f(x) = a_0 + a_1 x + a_2 x^2 + a_3 x^3 + \cdots + a_n x^n \cdots \qquad \text{——②}$$

試求出係數 a_n 為何。

首先代入 $x = 0$，由於 $f(0) = a_0$，所以可得知 0 次的常數項 a_0 即為

　　$f(0)$。　　　　　　　　　　　　　　　　　　　　　　——（A）

接著，將 ② 加以微分。

$$f'(x) = a_1 + 2a_2 x + 3a_3 x^2 + \cdots + na_n x^{n-1} + \cdots \qquad \text{——③}$$

在 ③ 中代入 $x = 0$，則由 $f'(0) = a_1$，可得知一次係數的 a_1 為

　　$f'(0)$。　　　　　　　　　　　　　　　　　　　　　——（B）

然後，再將 ③ 加以微分。

$$f''(x) = 2a_2 + 6a_3 x + \cdots + n(n-1) a_n x^{n-2} + \cdots \qquad \text{——④}$$

代入 $x = 0$ 後，可得知二次係數 a_2 為 $\dfrac{1}{2} f''(0)$。　　　——（C）

最後，將 ④ 加以微分，由

$$f'''(x) = 6a_3 + \cdots + n(n-1)(n-2) a_n x^{n-3} + \cdots ,$$

可得知三次係數 a_3 為 $\dfrac{1}{6} f'''(0)$。　　　　　　　　　　——（D）

持續此計算流程，微分 n 次後，應可得，

$$f^{(n)}(x) = n(n-1) \cdots \times 2 \times 1 a_n + \cdots ,$$

此處的 $f^{(n)}(x)$ 為 $f(x)$ 微分 n 次所得。

因此可得知 n 次的係數 $a_n = \dfrac{1}{n!} f^{(n)}(0)$。

$n!$ 讀做「n 的階乘」，表示 $n \times (n-1) \times (n-2) \times \cdots \times 2 \times 1$。

開場白似乎長了點……

那麼，我們報社的困境究竟為什麼是泰勒展開式呢？

意思是說，（泰勒展開式的）左項 $f(x)$ 為贊助商，右項的非常後面才是我們報社。

$$f(x) = \frac{\text{K大報社}}{} + \frac{\text{M大報社}}{} + \frac{\text{淺賀家報社}}{}$$

非常後面？

是呀！

其實對K企業而言，對我們贊助的金額大概只是3次微分後的三次項那麼不起眼的錢吧！

既然這麼不起眼，即使經營團隊換人，他們還是會繼續贊助的。

關……那你在總公司上班時，都在哪一帶喝酒呀？

什麼？

154

唉呀！下班後不是都會一邊炫耀自己的功績，一邊跟大夥兒喝酒嗎？

反正工作也完成了，何不痛快地喝一杯呢？

啊⋯⋯

那就走吧！

太棒了！

大眾居酒屋
FRONT PAGE

24
小時

喧 鬧

喳

雜

氣氛很不錯吧!

是、是呀!這些都是業界的人嗎?

你看!那個人就是有史以來日本攝影大獎最年輕的得主——攝影師石塚。

而那邊那個人是日本設計師界的龍頭——中田。

在對面的就是 A 報社的。

微分先生?

喂!微分,好久不見耶!快來這邊吧!

你好

厲害。這綽號真的太適合他了。

看來今天可以聽到平常無法聽到的業界八卦囉。

聽說○○先生得了糖尿病。

XX先生也因為高血壓,常跑醫院。

我也差不多該做個身體檢查了。

這不都是些老人的談話內容。

這樣不行

公式 5-2 泰勒展開式的公式

若對 $f(x)$ 做泰勒展開，則

$$f(x) = f(0) + \frac{1}{1!}f'(0)x + \frac{1}{2!}f''(0)x^2 + \frac{1}{3!}f'''(0)x^3 + \cdots +$$

$$\frac{1}{n!}f^{(n)}(0)x^n + \cdots$$

由上述內容可得知，

$f(0)$	←0 次的常數項	$a_0 = f(0)$	——(A)
$f'(0)x$	←一次項	$a_1 = f'(0)$	——(B)
$\frac{1}{2!}f''(0)x^2$	←二次項	$a_2 = \frac{1}{2}f''(0)$	——(C)
$\frac{1}{3!}f'''(0)x^3$	←三次項	$a_3 = \frac{1}{6}f'''(0)$	——(D)

將可做「泰勒展開」的條件簡化為收斂圓吧！

我們利用此公式，來確認第 151 頁中的①。

$$f(x) = \frac{1}{1-x}, \ f'(x) = \frac{1}{(1-x)^2}, \ f''(x) = \frac{2}{(1-x)^3}, \ f'''(x) = \frac{6}{(1-x)^4} \cdots$$

$$f(0) = 1 \ 、 f'(0) = 1 \ 、 f''(0) = 2 \ 、 f'''(0) = 6 \ 、 \cdots f^{(n)}(0) = n! \cdots$$

所以

$$f(x) = f(0) + \frac{1}{1!}f'(0)x + \frac{1}{2!}f''(0)x^2 + \frac{1}{3!}f'''(0)x^3 + \cdots \frac{1}{n!}f^{(n)}(0)x^n + \cdots$$

$$= 1 + x + \frac{1}{2!} \times 2x^2 + \frac{1}{3!} + 6x^3 + \cdots + \frac{1}{n!}n!x^n + \cdots$$

確實吻合。

$$= 1 + x + x^2 + x^3 + \cdots + x^n + \cdots$$

現在的公式是指「與 $x=0$ 極接近值一致的無限次多項式」，而一般 $x=a$ 的極接近值一致的多項式公式會變成這樣喲！請利用第 176 頁的練習問題來確認。

$$f(x) = f(a) + \frac{1}{1!}f'(a)(x-a) + \frac{1}{2!}f''(a)(x-a)^2$$

$$+ \frac{1}{3!}f'''(a)(x-a)^3 + \cdots + \frac{1}{n!}f^{(n)}(a)(x-a)^{(n)} + \cdots$$

泰勒展開式的確可說是優異的近似函數。

3 各種函數的泰勒展開式

1 平方根的泰勒展開式

設 $f(x) = \sqrt{1+x} = (1+x)^{\frac{1}{2}}$

$$f'(x) = \frac{1}{2}(1+x)^{-\frac{1}{2}}$$

$$f''(x) = -\frac{1}{2} \times \frac{1}{2}(1+x)^{-\frac{3}{2}}$$

$$f'''(x) = \frac{1}{2} \times \frac{1}{2} \times \frac{3}{2}(1+x)^{-\frac{5}{2}} \cdots\cdots$$

因此，

由 $f'(0) = \frac{1}{2}$、$f''(0) = -\frac{1}{4}$、$f'''(0) = \frac{3}{8}$、$\cdots\cdots$

可得，

$$f(x) = \sqrt{1+x}$$
$$= 1 + \frac{1}{2}x + \frac{1}{2!} \times \left(-\frac{1}{4}\right)x^2 + \frac{1}{3!}\frac{3}{8}x^3 + \cdots$$

$$\sqrt{1+x} = 1 + \frac{1}{2}x - \frac{1}{8}x^2 + \frac{1}{16}x^3 \cdots\cdots$$

2 指數函數 e^x 的泰勒展開式

設 $f(x) = e^x$

$$f'(x) = e^x \text{、} f''(x) = e^x \text{、} f'''(x) = e^x \text{、} \cdots\cdots$$

因此

由 $1 = f(0) = f'(0) = f''(0) = f'''(0) = \cdots\cdots$

$$e^x = 1 + \frac{1}{1!}x + \frac{1}{2!}x^2 + \frac{1}{3!}x^3 + \frac{1}{4!}x^4$$
$$+ \cdots\cdots + \frac{1}{n!}x^n + \cdots\cdots$$

代入 $x = 1$ 後，

$$e = 1 + \frac{1}{1!} + \frac{1}{2!} + \frac{1}{3!} + \frac{1}{4!} + \cdots\cdots + \frac{1}{n!} + \cdots\cdots$$

第 4 章中
雖僅告訴我們 e 約等於 2.7，但在此卻列出完全的計算式呢！

3 對數函數 $\log(1+x)$ 的泰勒展開式

設 $f(x) = \log(1+x)$

$$f'(x) = \frac{1}{1+x} = (1+x)^{-1}$$

$$f''(x) = -(1+x)^{-2} \text{、} f'''(x) = 2(1+x)^{-3}$$

由 $f''''(x) = -6(1+x)^{-4} \text{、} \cdots\cdots$

可得，

$$f(0) = 0 \text{、} f'(0) = 1 \text{、} f''(0) = -1 \text{、}$$
$$f'''(0) = 2! \text{、} f''''(0) = -3!$$

因此，

$$\log(1+x) = 0 + x - \frac{1}{2}x^2 + \frac{1}{3!} \times 2! \times x^3$$
$$- \frac{1}{4!}3! \times x^4 \cdots\cdots$$

$$\log(1+x) = x - \frac{1}{2}x^2 + \frac{1}{3}x^3 - \frac{1}{4}x^4 + \cdots\cdots$$
$$+ (-1)^{n+1}\frac{1}{n}x^n + \cdots\cdots$$

4 三角函數的泰勒展開式

設 $f(x) = \cos x$

由 $f'(x) = -\sin x, f''(x) = -\cos x, f'''(x) = \sin x,$
$f''''(x) = \cos x, \cdots\cdots$

因此

$$f(0) = 1 \text{、} f'(0) = 0 \text{、} f''(0) = -1 \text{、}$$
$$f'''(0) = 0 \text{、} f''''(0) = 1 \text{、} \cdots\cdots$$

所以

$$\cos x = 1 + 0x - \frac{1}{2!} \times 1 \times x^2 + \frac{1}{3!} \times 0 \times x^3$$
$$+ \frac{1}{4!} \times 1 \times x^4 + \cdots\cdots$$

$$\cos x = 1 - \frac{1}{2!} \times x^2$$
$$+ \frac{1}{4!}x^4 \cdots\cdots (-1)^n\frac{1}{(2n)!}x^{2n} + \cdots\cdots$$

依此類推，

$$\sin x = x - \frac{1}{3!} \times x^3 + \frac{1}{5!}x^5 \cdots\cdots$$
$$+ (-1)^{n-1}\frac{1}{(2n-1)!}x^{2n-1} + \cdots\cdots$$

4 由泰勒展開式可得知什麼呢？

泰勒展開式是以多項式來替換複雜的函數。
例如，我們畫得出 $\log(1+x)$ 的圖表嗎？

因此，為了一窺複雜的函數世界，必須使用「近似」=
「模擬」，對吧？

我們用剛才的例子，來看看使用 $\log(1+x)=x-\dfrac{1}{2}x^2+\dfrac{1}{3}x^3-\dfrac{1}{4}x^4+\cdots\cdots$ 後，從泰勒展開式中可以得到什麼吧！

$$\log(1+x)\underset{\substack{\text{0 次近似}}}{\overset{\substack{\text{三次近似}\\\text{一次近似}}}{=}}0+x-\frac{1}{2}x^2+\frac{1}{3}x^3-\frac{1}{4}x^4+\cdots$$

二次近似

首先是 0 次近似，$x=0$ 的極接近值，則 $\log(1+x)\sim 0$，
這代表什麼意思呢？

嗯、嗯……也就是說在 $x=0$ 時，$f(x)$ 的值是 0，
也表示通過的點為（0,0）。

沒錯。接下來是一次近似，可得知 $x=0$ 的極接近值，則 $y=f(x)$ 大約近似 $y=x$，對吧？
所以，這代表 $x=0$ 的點呈增加狀態。
（※切線方程式：一次近似）。

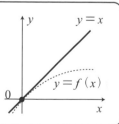

再進一步來看二次近似，
請思考看看 $x = 0$ 的極接
近值時，$\log(1 + x) \sim$
$x - \dfrac{1}{2}x^2$ 的圖表。引間，
這代表什麼意思呢？

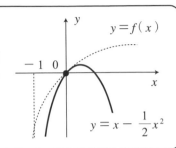

這代表 $x = 0$ 的極接近值時，$y = f(x)$ 大約近似
$y = x - \dfrac{1}{2}x^2$，因此 $x = 0$ 處的圖表呈現向上凸出的形狀。
（二次近似：可判定在 $x = a$ 時，圖形呈現的凹凸圖形）

最後來看三次近似！！
$x = 0$ 的極接近值時，
$\log(1 + x) \sim x - \dfrac{1}{2}x^2 + \dfrac{1}{3}x^3$
（三次近似：可修正二次近
似時的誤差）

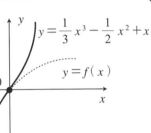

那麼，關
我們再去下一攤！

160

果然還是飯店的酒吧比較能好好聊呢！

一開始來這裡不就好了。

呵呵

啪噠啪噠

可是，如果剛才妳可以跟大家多聊聊，不是很好嗎？

總覺得大家都好了不起，讓我感到很自卑。

先別說我了。你怎麼想呢？

雖然剛才遇到的那些人，全都是得獎主的名人，

可是，看就知道大家都很尊敬你。

關，難道你甘願就這樣被埋沒在鄉下的支社裡嗎？

你明明只是做了公正的報導。

別再給她酒了。

嗚嗚

我能變成和剛才酒館裡的那些人同等地位的機率有多高呢？

如果以機率論來思考未來會變成何種人物的話，是無法成真的。

雖然我和剛才的那群人都在聊些無聊的話題，

但是，每個人都在自己的專業領域拚死奮戰。

大家只是抱著必死的決心堅持自己所愛的事。他們都是一群不向命運低頭的人哦！

呼……

對了！說到機率！

然後呢？該不會又要開始上課了吧？

當然囉！我負責教育新人，而妳又是公司的重要資產。

利用機率來分析不確定的事時，最常使用的就是「常態分配※」。

嗯。

將機率密度函數平移後，會和函數 $f(x) = e^{-\frac{1}{2}x^2}$ 成正比。
$f(x)$ 的圖形正如本圖般，對 y 軸形成類似「吊鐘」或「頭盔」的形狀。

卡卡
卡卡
卡卡
卡卡

真抱歉。因為這個人要寫一堆東西，請再多給一些杯墊。

許多不確定現象的資料分佈都能看到這個形狀。
例如，人類及動物的身高即為典型的常態分配。

測量誤差也是常態分配。

金融業界則相信股票投資的收益率也遵循常態分配。

還有，考試成績的分佈也是基於此，而將成績單的 5 階段評分依常態分配劃分。

※常態分配：Normal Distribution。

在此，爲了讓你更了解，我們用泰勒展開式來表示擲硬幣也會遵循常態分配。擲硬幣時，出現正面的機率爲？

砰

別小看我。不就是 $\frac{1}{2}$ 嗎？

是的。雖然不確定會出現哪一面，但每一面確實都有 $\frac{1}{2}$ 的出現機率。

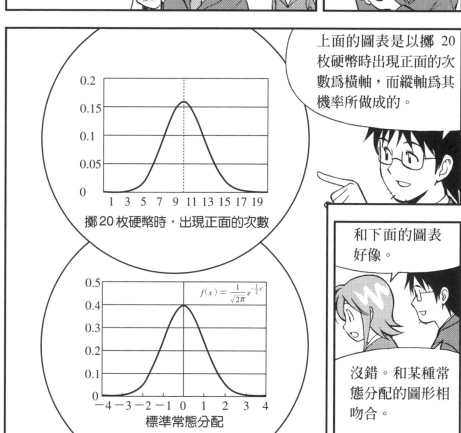

上面的圖表是以擲 20 枚硬幣時出現正面的次數爲橫軸，而縱軸爲其機率所做成的。

和下面的圖表好像。

沒錯。和某種常態分配的圖形相吻合。

擲20枚硬幣時，出現正面的次數

$f(x) = \frac{1}{\sqrt{2\pi}} e^{-\frac{1}{2}x^2}$

標準常態分配

165

其實，將 $g_n(x)$ 定義為「擲 n 枚硬幣時，出現正面的機率」※註2，畫出 $g_n(x)$ 的圖表，並設 n 趨近於 $+\infty$ 後……
∞ 讀做無限大。

$$f(x) = e^{-\frac{1}{2}x^2}$$

咦，這式子剛才不是寫過嗎！不必用到兩張杯墊吧……

沙沙沙

沙沙

沙沙

可得知和這個算式成正比的函數圖表相同。

※註2
表示所擲 n 枚的硬幣，正面出現 x 次的機率，稱為「二項分配※」。

例如，試求擲 5 枚硬幣出現 3 次正面的機率。正正反正反的機率為，

$$\frac{1}{2} \times \frac{1}{2} \times \frac{1}{2} \times \frac{1}{2} \times \frac{1}{2} = \left(\frac{1}{2}\right)^5,$$

此外，像這類的例子可表示為 $_5C_3$，則 $_5C_3\left(\frac{1}{2}\right)^5$，一般表示為 $_nC_x\left(\frac{1}{2}\right)^n$。

※二項分配：Binomial Distribution。

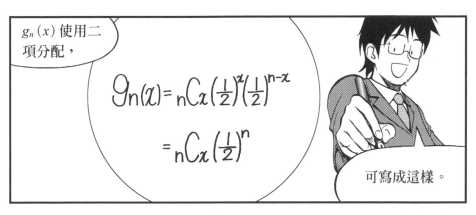

g_n(x) 使用二項分配，

$$g_n(x) = {}_nC_x\left(\frac{1}{2}\right)^x\left(\frac{1}{2}\right)^{n-x}$$

$$= {}_nC_x\left(\frac{1}{2}\right)^n$$

可寫成這樣。

$f(x)$ 的圖表
以 $x=0$ 為中心左右
對稱，
而 $g_n(x)$ 的圖表
以 $x=\frac{n}{2}$ 為中心左右
對稱，

沙沙沙
沙沙沙

我啊
的！
杯
墊……

因此我們將 $g_n\left(\frac{n}{2}\right)$
重新檢視一次吧！

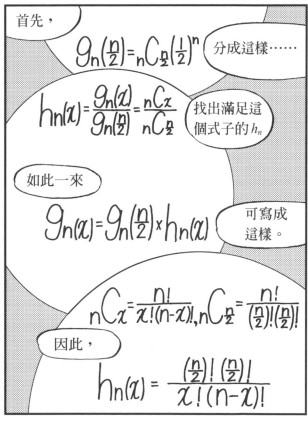

首先，

$$g_n\left(\frac{n}{2}\right) = {}_nC_{\frac{n}{2}}\left(\frac{1}{2}\right)^n$$

分成這樣……

$$h_n(x) = \frac{g_n(x)}{g_n\left(\frac{n}{2}\right)} = \frac{{}_nC_x}{{}_nC_{\frac{n}{2}}}$$

找出滿足這個式子的 h_n

如此一來

$$g_n(x) = g_n\left(\frac{n}{2}\right) \times h_n(x)$$

可寫成這樣。

$${}_nC_x = \frac{n!}{x!(n-x)!}, {}_nC_{\frac{n}{2}} = \frac{n!}{\left(\frac{n}{2}\right)!\left(\frac{n}{2}\right)!}$$

因此，

$$h_n(x) = \frac{\left(\frac{n}{2}\right)!\left(\frac{n}{2}\right)!}{x!(n-x)!}$$

......

用了這麼多

氣

接下來，x 從中心 $\frac{n}{2}$ 偏離的部分以 $\frac{\sqrt{n}}{2}$ 為單位來做單位轉換。

居然無視我……

$\frac{\sqrt{n}}{2}$ 為標準差。不懂統計的人就將這個詞彙當做單純的咒語吧！

南無阿彌陀佛 邪魔退散～

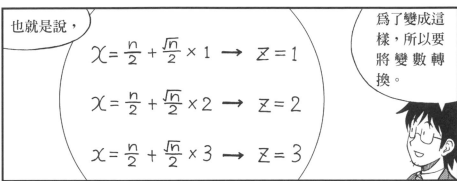

也就是說，

$$x = \frac{n}{2} + \frac{\sqrt{n}}{2} \times 1 \rightarrow z = 1$$

$$x = \frac{n}{2} + \frac{\sqrt{n}}{2} \times 2 \rightarrow z = 2$$

$$x = \frac{n}{2} + \frac{\sqrt{n}}{2} \times 3 \rightarrow z = 3$$

為了變成這樣，所以要將變數轉換。

為了使
$\frac{n}{2} + \frac{\sqrt{n}}{2}z = x$，
設定 z，代入 h_n 後，

$$\oplus h_n(x) = \frac{\left(\frac{n}{2}\right)! \left(\frac{n}{2}\right)!}{\left(\frac{n}{2} + \frac{\sqrt{n}}{2}z\right)! \left(\frac{n}{2} - \frac{\sqrt{n}}{2}z\right)!}$$

$$\left(n - \left(\frac{n}{2} + \frac{\sqrt{n}}{2}z\right)\right)$$

對兩邊取 log
※註 3

$$\log h_n(x)$$
$$= \log\left(\frac{n}{2}\right)! + \log\left(\frac{n}{2}\right)! - \log\left(\frac{n}{2} + \frac{\sqrt{n}}{2}z\right)! - \log\left(\frac{n}{2} - \frac{\sqrt{n}}{2}z\right)!$$

※註 3
使用
$\log ab = \log a + \log b$
$\log\frac{d}{c} = \log d - \log c$。

接著要計算這個，我們換個地方聊吧！

169

謝謝你！
我們結束了。

哦

真少……

差不多該回去
了吧！

不……
我應該想「至少
還有剩」才對，
要感恩。

正向思考

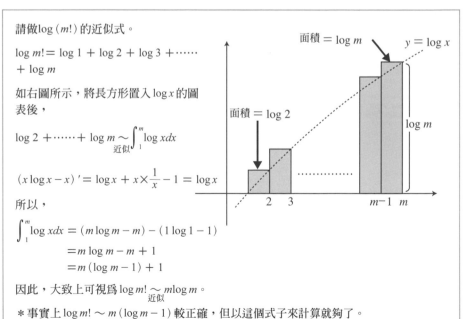

請做 $\log(m!)$ 的近似式。

$\log m! = \log 1 + \log 2 + \log 3 + \cdots\cdots + \log m$

如右圖所示，將長方形置入 $\log x$ 的圖表後，

$$\log 2 + \cdots\cdots + \log m \underset{近似}{\sim} \int_1^m \log x\, dx$$

$$(x\log x - x)' = \log x + x \times \frac{1}{x} - 1 = \log x$$

所以，

$$\int_1^m \log x\, dx = (m\log m - m) - (1\log 1 - 1)$$
$$= m\log m - m + 1$$
$$= m(\log m - 1) + 1$$

面積 $= \log m$
$y = \log x$

面積 $= \log 2$

$\log m$

$2 \quad 3 \qquad m-1 \quad m$

因此，大致上可視爲 $\log m! \underset{近似}{\sim} m\log m$。

＊事實上 $\log m! \sim m(\log m - 1)$ 較正確，但以這個式子來計算就夠了。

還是繼續說下去吧！
使用 $\log m! \underset{近似}{\sim} m\log m$
後，

（請參見前一頁）

快給我

$$\log h_n(x) \underset{近似}{\sim} \frac{n}{2}\log\frac{n}{2} + \frac{n}{2}\log\frac{n}{2} - \left(\frac{n}{2}+\frac{\sqrt{n}}{2}z\right)\log\left(\frac{n}{2}+\frac{\sqrt{n}}{2}z\right) - \left(\frac{n}{2}-\frac{\sqrt{n}}{2}z\right)\log\left(\frac{n}{2}-\frac{\sqrt{n}}{2}z\right)$$

整理本式後，

$$\log h_n(x) \underset{近似}{\sim} -\left[\left(\frac{n}{2}+\frac{\sqrt{n}}{2}z\right)\log\left(1+\frac{\sqrt{n}}{n}z\right) + \left(\frac{n}{2}-\frac{\sqrt{n}}{2}z\right)\log\left(1-\frac{\sqrt{n}}{n}z\right)\right]$$

（變形為 $\log\left(\frac{n}{2}+\frac{\sqrt{n}}{2}z\right) = \log\left\{\frac{n}{2}\left(1+\frac{\sqrt{n}}{n}z\right)\right\} = \log\frac{n}{2} + \log\left(1+\frac{\sqrt{n}}{n}z\right)$）

好。就來使用讓
妳等待多時的泰
勒展開式吧！

我根本沒有
在等…

……

請自由
取用 ➡

t 接近 0 時，

$$\log(1+t) \sim t - \frac{1}{2}t^2$$

（二次近似）※

※請參見第 159 頁。

然而，若 n 的值非常大時，則 $\frac{\sqrt{n}}{n} = \frac{1}{\sqrt{n}}$ 會極接近 0。若將 z 固定，則 $\frac{\sqrt{n}}{n}z$ 亦會相當接近 0。

因此

$$\log\left(1 + \frac{\sqrt{n}}{n}z\right) \sim \frac{\sqrt{n}}{n}z - \frac{1}{2}\frac{1}{n}z^2$$

$$\log\left(1 - \frac{\sqrt{n}}{n}z\right) \sim -\frac{\sqrt{n}}{n}z - \frac{1}{2}\frac{1}{n}z^2$$

將這個代入後，

$$\log h_n(x) \sim -\left[\left(\frac{n}{2} + \frac{\sqrt{n}}{2}z\right)\left(\frac{\sqrt{n}}{n}z - \frac{1}{2}\frac{1}{n}z^2\right) + \left(\frac{n}{2} - \frac{\sqrt{n}}{2}z\right)\left(-\frac{\sqrt{n}}{n}z - \frac{1}{2}\frac{1}{n}z^2\right)\right]$$

$$= -\left[z^2 - \frac{1}{2}z^2\right] = -\frac{1}{2}z^2$$

由於已知
$$\log h_n(x) \sim -\frac{1}{2}z^2 ,$$

則
$$h_n(x) \sim -e^{-\frac{1}{2}z^2},$$
可喜可賀，萬歲！

如果妳擔心以 log 的泰勒展開式求出 x^3 以上之高次項，會給 $h_n(x)$（n：十分大）的形狀帶來影響，那麼，我們實際來計算
$$\log(1+t) \sim t - \frac{1}{2}t^2 + \frac{1}{3}t^3$$
吧！
z^4 的係數的分母會留下 n，而設 $n \to \infty$，則應可確認會收斂至 0。

常態分配除了用於身高、擲硬幣，還有其他應用方式嗎？

妳該不會在想能不能用在戀愛上吧？答案是不行。如果不是排除人為因素的隨機事件，是不適用的…

那麼，如果是沒有刻意操弄的單純戀愛呢？

那就不在討論範圍內！

了解了嗎？
如果妳妄想將世上發生的事非常概略地要歸納為「與無數次擲硬幣後的結果相似」的話……

……

因為現在已知，擲硬幣的結果接近常態分配，所以變愛若也出現常態分配的結果，並不足為奇！

真的嗎？

即使如此，那也只
限於沒有加入人為
因素。
真抱歉恕我不懂變
通。

不。

不過，如果真的有
這麼單純的人呢？

為什麼妳就是
不能理解呢？

1. 請求出 $f(x) = e^{-x}$ 中的 $x = 0$ 的泰勒展開式。

2. 請求出 $f(x) = \dfrac{1}{\cos x}$ 中的 $x = 0$ 的近似二次函數。

3. 請試著導出漫畫中出現的 $f(x)$ 中的 $x = a$ 時的泰勒展開式。
亦即，請求出

$$f(x) = a_0 + a_1(x-a) + a_2(x-a)^2 + \cdots\cdots + a_n(x-a)^n + \cdots\cdots$$

時的 a_n。

第 6 章

從複數因子中僅取其一
即為偏微分

1 多元函數是什麼？

什麼！！！

關要回到
總公司？

為什麼？
為什麼要回
去呢？

我一時也說
不清楚。

178

原因和結果啊！眞令人懷念！我們一開始是這樣被教導的，沒錯！

目前爲止講到的函數確實都是「一個原因，一個結果」。

本來就是「有什麼原因才會造成這樣的結果」啊！

我每天可都是抱持這樣的信念當記者的！甚至連做夢都在思考！

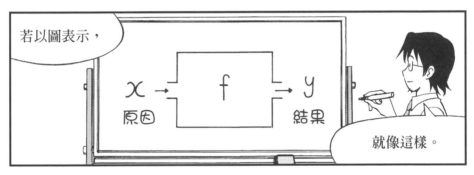

若以圖表示，

$$x \rightarrow f \rightarrow y$$

原因　　　　　結果

就像這樣。

然而，本次的人事異動讓我覺得世上不光是這麼單純的事。

什麼？

也許這次是由數個原因混合，造成必須調動至總公司的結果吧！

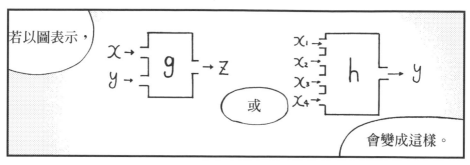

若以圖表示，

$x \to$ g $\to z$

或

$x_1, x_2, x_3, x_4 \to$ h $\to y$

會變成這樣。

如果以關為例，x是寫得出好文章，y是表達能力，因此才會被調走。

唉呀！還不確定啦！

若以引間為例，那麼x_1是上個月的失誤，x_2是本月的失誤，因此導致被裁員吧！

氣

啊～

收緊～

喂！喂！我快離開了，時間不多！

快點把「基礎」學完吧！

我們把
左邊的函數寫成
$z = g(x, y)$。而右邊
函數則寫成
$y = h(x_1, x_2, x_3, x_4)$。

讓我來舉幾個例子
說明關於原因有兩
個時的函數（稱為
二元函數）。

例 1 從地表以速度 v 向上投擲物體，假設 t 秒後物體的高度為 $h(v, t)$。
則，$h(v, t) = vt - 4.9t^2$ [m]

例 2 設 yg 的砂糖溶於 xg 的水所形成的糖水之濃度為 $f(x, y)$。
此時，$f(x, y) = \dfrac{y}{x + y} \times 100$ [%]

例 3 假設存在於某國的機械設備（稱為資本）數量為 K，勞力為 L 時，則可生
產的商品總量（GDP；國內生產毛額）為 $Y(L, K)$。

經濟學上的近似函數多使用 $Y(L, K) = \beta L^\alpha K^{1-\alpha}$
（α、β 為常數）（稱做柯布－道格拉斯型生產函數）
請參見第 201～203 頁。

例 4 物理學上，設理想氣體壓力為 P，體積為 V 時，溫度 T 為 P 和 V 的函數，
可寫成 $T(P, V)$。因此，
$$T(P, V) = \gamma PV \quad (\gamma \text{ 為常數})。$$
此稱為「理想氣體狀態方程式」。

2 二元一次函數果然是最基本的

為了調查像例 1～例 4 這樣複雜的二元函數的性質，妳認為該怎麼做比較好呢？

使用「近似一次函數」嗎？

嗯

答對了！
但由於現在是「二元」函數，因此一次函數也必須變成「二元」一次函數才行！

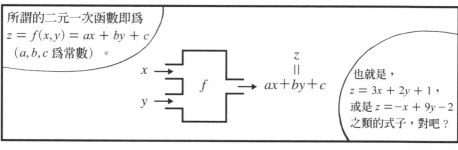

所謂的二元一次函數即為
$z = f(x,y) = ax + by + c$
（a, b, c 為常數）。

$x \rightarrow$
$y \rightarrow$
f
$\rightarrow$
z
$\parallel$
$ax + by + c$

也就是，
$z = 3x + 2y + 1$，
或是 $z = -x + 9y - 2$
之類的式子，對吧？

好，再來思考看看這些式子的圖表會有什麼變化吧！輸入 2 個（x 和 y），輸出 1 個（z），因此自然要使用「三次元座標系」。

嗯～

接著，
請試著想像 $x-y$ 平面為地面，z 軸為柱子的畫面。

柱子……

182

怎麼了嗎？

沒什麼。
我們繼續吧！

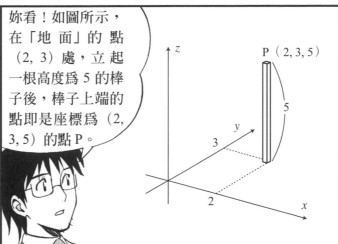

妳看！如圖所示，在「地面」的點（2, 3）處，立起一根高度爲 5 的棒子後，棒子上端的點即是座標爲（2, 3, 5）的點 P。

那麼，妳認爲三次元座標系中二元一次函數
$z = f(x, y)$
$= ax + by + c$
的圖表應該是怎樣呢？

以 $z = f(x, y)$
$= 3x + 2y + 1$
的圖表來畫畫看吧！

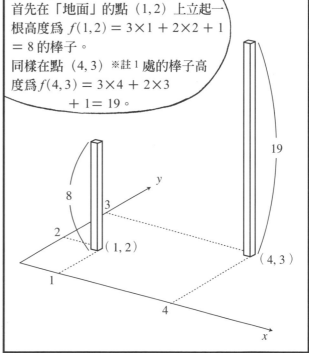

首先在「地面」的點（1, 2）上立起一根高度爲 $f(1, 2) = 3 \times 1 + 2 \times 2 + 1 = 8$ 的棒子。
同樣在點（4, 3）※註1 處的棒子高度爲 $f(4, 3) = 3 \times 4 + 2 \times 3 + 1 = 19$。

※註1：其實應寫成（4, 3, 0），但爲了使讀者易於理解，
　　所以先寫成（4, 3）。

183

同樣地，在滿足 $1 \leqq x \leqq 4$, $1 \leqq y \leqq 4$ 的16個 (x,y) 上所立起的棒子的圖表就像這樣。

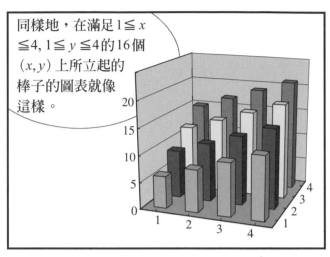

若遠看這張圖，應該不難發現它會形成平面圖吧！

真的耶。

首先，我們先來看看最前排的柱子會變成怎樣。

由左起的高度依序為 $f(1,1)=6$, $f(2,1)=9$, $f(3,1)=12$, $f(4,1)=15$。

雖然此處的斜率是為 3 的直線，但若在
$z = f(x,y)$
$= 3x + 2y + 1$ 中
代入 $y=1$ 後，你會
發現
$z = 3x + 2 \times 1 + 1$
$= 3x + 3$ 斜率當然
是 3。

接著，來看看後一排的棒子高度。高度為 $f(1,2)=8$, $f(2,2)=11$, $f(3,2)=14$, $f(4,2)=17$，可得知比前排高出 2。

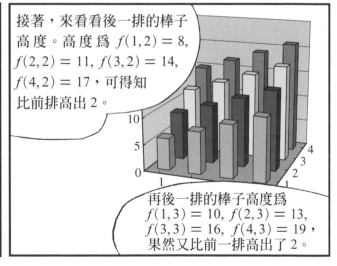

再後一排的棒子高度為 $f(1,3)=10$, $f(2,3)=13$, $f(3,3)=16$, $f(4,3)=19$，果然又比前一排高出了 2。

184

換句話說，
每退後一排，棒子的
高度就增加 2……

因此就整體而言，若
將棒子的頂端做成平面
的話，就不難了解。綜
合上述內容的話，

我們先畫出
$z = f(x,y) = ax + by$
的圖表（設常數項 c
爲 0）。

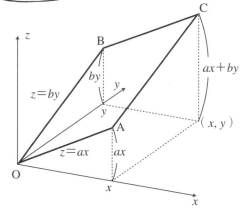

平行四邊形 OACB 的點 C，正好爲地面的點 (x,y) 上方圖形
的點，高度正好爲 $f(x,y) = ax + by$。

在 x 軸上空的 $f(x,y)$ 的圖
表中，y 以 0 代入，則得
$z = ax$，這就是通過原點
且斜率爲 a 的直線 OA。

在 y 軸上空的 $f(x,y)$ 的圖
表中將 $x = 0$ 代入，則得
$z = by$，這就是通過原點
且斜率爲 b 的直線 OB。

如此一來，在 $f(x,y)$ 的圖
表上，於 OA 和 OB 上撐
開一塊布，則得平面
OACB。

接下來，一般我們所說的
$z = g(x,y) = ax + by + c$
的圖表，只是將剛剛的
OACB 的點 O 往上移了 c，
且通過原點上方 $(0, 0, c)$
的平面而已。

今天就上到這裡吧！反正妳好像沒聽進去多少。

這還不是因為……

悶

引間！

有！

雖然很想休息，但還是要好好完成最後一堂課。課程結束後，我再請妳吃飯吧！

我也還需要把剩下的工作善後，所以會有點忙亂，下星期天可以陪陪我嗎？

好的。

吃飯？

轉頭

186

星期天

這裡在幾年前就廢校了。

咦？
連廢校也要報導呀？

我就是在這裡學數學的。

什麼？

原來你是本地人呀！

這邊從以前就是間小學校，但是在這個小地方曾有位幫我上過世上最棒的課的老師。

187

在三次元座標系中畫出二元函數

$z = f(x, y) = 3x + 2y + 1$

的圖表會變成怎樣呢？

叩
叩

那麼，就用這個袋子當做平面OACB吧！

滾落
滾落
滾落

老師，這個袋子裡還有芋頭喲！該怎麼辦？

如果找到解答
就蒸來吃吧！
哈哈～

分田近似郎老師…實在是非常好的老師。

那麼，我們就開始上最後一堂課吧！

好、好的。

3 二元函數的微分稱為偏微分

噹噹
噹噹

第 1 堂課是
二元函數的
微分。

時間表	
1	偏微分
2	
3	

因為妳已經了解二元一次函
數了，因此二元一次函數微
分的方法只要照著一元函數
的方法就好了。二元函數的
圖形為「曲面」。

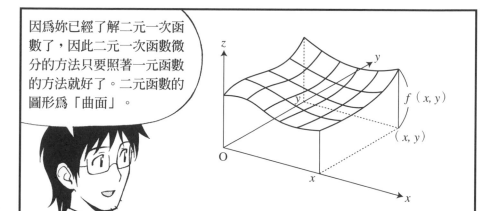

就像帳蓬一樣。
是彎曲的。

不、應該是
水果蛋糕。

不管那一個都可以啦！
不過請在點 (a, b)（即
$x = a, y = b$）的附近，試
著做出 $f(x, y)$ 的「近似二
元一次函數」吧！

請試做出在點 (a,b) 上與高度 $f(a,b)$ 一致的二元一次函數。答案是
$L(x,y) = p(x-a) + q(y-b) + f(a,b)$ 。

接著，x 代入 a，y 代入 b 後，
就會得到

$L(a,b) = f(a,b)$ 。

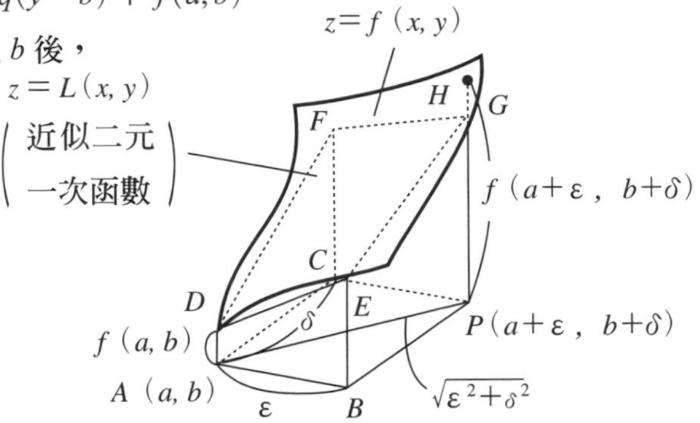

現在，$z = f(x,y)$ 的圖形和 $z = L(x,y)$ 的圖形皆通過點 $A(a,b)$ 上空的
同一點，然而若從 A 偏離至點 $P(a+\varepsilon, b+\delta)$，高度當然就會產生偏
差。誤差為，

$f(a+\varepsilon, b+\delta) - L(a+\varepsilon, b+\delta) = f(a+\varepsilon, b+\delta) - f(a,b) - (p\varepsilon + q\delta)$ ，

而用以表示此誤差和由 A 至 P 的距離 AP 相比，差距多少的比例，稱為「誤
差率※」。

$$（誤差率）= \frac{（f \text{ 和 } L \text{ 的差異}）}{（AP \text{ 的距離}）}$$

$$= \frac{f(a+\varepsilon, b+\delta) - f(a,b) - (p\varepsilon + q\delta)}{\sqrt{\varepsilon^2 + \delta^2}} \quad —— ①$$

因此，當 P 位於與 A 極接近的位置時，即可將和 f 的差異極為接近 0 的
$L(x,y)$ 視為「近似一次函數」。所以在此，只要求出 p 和 q 即可。

p 為圖中 DE 的斜率，q 為圖中 DF 的斜率。

在此由於 ε 和 δ 為任意數，因此先設 $\delta = 0$ 再加以分析。如此，算式 ①
會形成以下的算式。

$$（誤差率）= \frac{f(a+\varepsilon, b+0) - f(a,b) - (p\varepsilon + q \times 0)}{\sqrt{\varepsilon^2 + 0^2}}$$

$$= \frac{f(a+\varepsilon, b) - f(a,b)}{\varepsilon} - p$$

※誤差率：Error Ratio。

190

因此，若「$\varepsilon \to 0$」時，「誤差率 $\to 0$」則意為，

$$\lim_{\varepsilon \to 0} \frac{f(a+\varepsilon, b) - f(a,b)}{\varepsilon} = p \qquad\qquad ②$$

也就是 DE 的斜率。

在此，應可看出左式即為「一變數的微分」。也就是 $f(x,y)$ 中以 b 代入 y，並固定後，可得「只有 x」的函數 $f(x,b)$。求出此函數的 $x = a$ 的微分係數之計算，即為算式②的左式。

由於左式為微分，因此妳或許會很想寫成 $f'(a,b)$，然而若真的改寫，反而會不知道到底該用 x 還是 y 來微分 f。

因此，我們將「把 y 固定為 b、$x = a$ 時，求出的 f 的微分係數」寫成 $f_x(a,b)$。此處的 f_x 稱為「f 的 x 方向的**偏微分係數**」。這是用以代替一變數微分「dash」的記號。

至於一變數的微分中 $\frac{df}{dx}$ 之記號，則以 $\frac{\partial f}{\partial x}(a,b)$ 來代替。

統整後，可得下述內容。

「將 y 固定為 b 時，於 $x = a$ 處求出的 x 方向之微分係數」

$$f_x(a,b) = \frac{\partial f}{\partial x}(a,b) \left(\text{也可寫做} \left[\frac{\partial f}{\partial x}\right]_{x=a, y=b}\right)$$
$$= DE \text{ 的斜率}$$

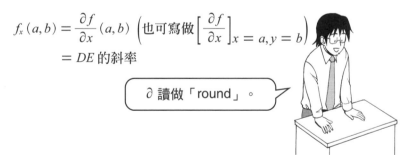

∂ 讀做「round」。

以完全相同的過程，則可得下述內容。

「將 x 固定為 a 時，於 $y = b$ 處求出 y 方向之微分係數」

$$f_y(a,b) = \frac{\partial f}{\partial y}(a,b) \left(\left[\frac{\partial f}{\partial y}\right]_{x=a, y=b}\right)$$
$$= DF \text{ 的斜率}$$

由上一頁所述內容可得知以下結論。

假設 $z = f(x,y)$ 中，在 $(x,y) = (a,b)$ 的附近存在近似一次函數，則

$$z = f_x(a,b)\,(x-a) + f_y(a,b)\,(y-b) + f(a,b) \qquad\text{——} ③$$

$$\left(\text{或 } z = \frac{\partial f}{\partial x}\,(a,b)\,(x-a) + \frac{\partial f}{\partial y}\,(a,b)\,(y-b) + f(a,b)\right) \text{※註 2}$$

※註 2

近似一次函數，是求設在 x 方向及 y 方向之 $AP \to 0$ 時，誤差率趨近於 0 的函數。然而，由此方式所求出的係數 $f_x(a,b)$ 和 $f_y(a,b)$ 所做出的一次函數，並無法確認當「在所有方向」 $AP \to 0$ 時，誤差率是否趨近於 0。雖然有點簡略，我們還是來深入探究一下吧！

以 $x-y$ 平面（地面）上的交點爲中心，有一半徑爲 1 的圓上，取一個點 (α,β) 。 $\alpha^2 + \beta^2 = 1$ 。（也可設 $\alpha = \cos\theta, \beta = \sin\theta$ ）

試求 $(0,0)$ 朝 (α,β) 方向的微分係數。

在此方向，長度 t 的移動爲 $(a,b) \to (a+\alpha t, b+\beta t)$ 。

若設①式中的 $\varepsilon = \alpha t$ 、$\delta = \beta t$ ，則

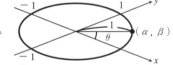

$$\text{誤差率} = \frac{f(a+\alpha t, b+\beta t) - f(a,b) - (p\alpha t + q\beta t)}{\sqrt{\alpha^2 t^2 + \beta^2 t^2}}$$

$$= \frac{f(a+\alpha t, b+\beta t) - f(a,b)}{\sqrt{\alpha^2 + \beta^2}\ t} - p\alpha - q\beta$$

$$= \frac{f(a+\alpha t, b+\beta t) - f(a,b)}{t} - p\alpha - q\beta \qquad\text{——} ④ \quad (\sqrt{\alpha^2 + \beta^2} = 1)$$

在此，設 $p = f_x(a,b)$ ，$q = f_y(a,b)$ ，則變成下式。

$$④ = \frac{f(a+\alpha t, b+\beta t) - f(a, b+\beta t)}{t} + \frac{f(a, b+\beta t) - f(a,b)}{t}$$
$$- f_x(a,b)\,\alpha - f_y(a,b)\,\beta \qquad\text{——} ⑤$$

在此，只有 x 的函數 $f(x, b+\beta t)$ 中 $x=a$ 的微分爲

$$f_x(a, b+\beta t) \ ,$$

因此由「一元函數的近似一次函數」，可得

$$f(a+\alpha t, b+\beta t) - f(a, b+\beta t) \sim f_x(a, b+\beta t)\,\alpha t \ .$$

依此類推，y 則爲

192

$$f(a, b + \beta t) - f(a, b) \sim f_y(a, b)\beta t$$

將此代入⑤式後，

$$⑤ \sim f_x(a, b + \beta t)\alpha + f_y(a, b)\beta - f_x(a, b)\alpha - f_y(a, b)\beta$$
$$= (f_x(a, b + \beta t) - f_x(a, b))\alpha$$

若 t 十分接近 0，則由於 $f_x(a, b + \beta t) - f_x(a, b) \sim 0$，

所以誤差率＝⑤式 ~ 0，則表示「朝向任何方向的 $AP \to 0$，誤差率 $\to 0$」。

　　此外，$f_x(a, b + \beta t) - f_x(a, b) \sim 0$ $(t \sim 0)$ 的前提爲 f_x 的「連續性」是必須的。若無連續性，則即使 f_x 和 f_y 存在，我們仍無法得知是否在所有方向的微分係數均存在。然而，由於此類函數爲特殊函數，不在本書探討範圍內。

[計算例題]

例題 1 的函數

試求 $h(v, t) = vt - 4.9t^2$，在 $(v, t) = (100, 5)$ 的偏微分係數。

在 v 方向，將 $h(v, 5) = 5v - 122.5$ 加以微分，則

$$\frac{\partial h}{\partial v}(v, 5) = 5，因此$$

$$\frac{\partial h}{\partial v}(100, 5) = h_v(100, 5) = 5$$

在 t 方向，將

$$h(100, t) = 100t - 4.9t^2 \text{ 加以微分，則}$$

$$\frac{\partial h}{\partial t}(100, t) = 100 - 9.8t$$

因此，$\dfrac{\partial h}{\partial t}(100, 5) = h_t(100, 5) = 100 - 9.8 \times 5 = 51$

近似一次函數為 $L(x, y) = 5(v - 100) + 51(t - 5) - 377.5$

一般而言，$\dfrac{\partial h}{\partial v} = t$、$\dfrac{\partial h}{\partial t} = v - 9.8t$

因此，$(v, t) = (v_0, t_0)$ 的附近時，

$$h(v, t) \underset{近似}{\sim} t_0(v - v_0) + (v_0 - 9.8t_0)(t - t_0) + h(v_0, t_0)$$

接下來試著做做看例題 2。

$$f(x, y) = \frac{100y}{x + y}$$

$$\frac{\partial f}{\partial x} = f_x = -\frac{100y}{(x + y)^2}$$

$$\frac{\partial f}{\partial y} = f_y = \frac{100(x + y) - 100y \times 1}{(x + y)^2} = \frac{100x}{(x + y)^2}$$

因此，$(x, y) = (a, b)$ 的附近，

$$f(x, y) \underset{\text{近似}}{\sim} -\frac{100b}{(a + b)^2}(x - a) + \frac{100a}{(a + b)^2}(y - b) + \frac{100b}{a + b}$$

偏微分的定義

$z = f(x, y)$ 在某領域中所有的點 (x, y) 於可對 x 偏微分時，可對應在 (x, y) 上對 x 的偏微分係數 $f_x(x, y)$ 的函數為，

$$(x, y) \to f_x(x, y)\quad,$$

並稱其為 $z = f(x, y)$ 對 x 的偏導函數※。將其表示為

$$f_x, \ f_x(x, y), \ \frac{\partial f}{\partial x}, \ \frac{\partial z}{\partial x} \ \text{等}。$$

依此類推，在某領域中所有的點 (x, y) 於可對 y 偏微分時，可對應在 (x, y) 上，y 的偏微分係數 $f_y(x, y)$ 的函數為，

$$(x, y) \to f_y(x, y)，並稱其為 z = f(x, y) 的 y 為偏導函數。將其表示為$$

$$f_y, \ f_y(x, y), \ \frac{\partial f}{\partial y}, \ \frac{\partial z}{\partial y} \ \text{等}。$$

而將求偏導函數稱為偏微分。

※偏導函數：Partial Derivatives。

由 $z = f(x,y)$ 在 $(x,y) = (a,b)$ 的近似一次函數中，可得知

$$f(x,y) \underset{近似}{\sim} f_x(a,b)\,(x-a) + f_y(a,b)\,(x-b) + f(a,b) \quad 。$$

將此改寫爲，

$$f(x,y) - f(a,b) \underset{近似}{\sim} \frac{\partial f}{\partial x}(a,b)(x-a) + \frac{\partial f}{\partial y}(a,b)(y-b) \quad\text{——⑥}$$

$f(x,y) - f(a,b)$ 意爲：點從 (a,b) 變化至 (x,y) 時的高度 $z\,(= f(x,y))$ 的增加量，因此倣照一元函數時，寫成 $\varDelta z$。

此外，$x-a$ 爲 $\varDelta x$，$y-b$ 爲 $\varDelta y$。

此時⑥式可改寫爲，

$$\varDelta z \underset{近似}{\sim} \frac{\partial z}{\partial x}\varDelta x + \frac{\partial z}{\partial y}\varDelta y \quad\text{——⑦} \quad (x\underset{近似}{\sim}a,\ y\underset{近似}{\sim}b)\ 時。$$ 此式的含意爲

「$z = f(x,y)$ 中，若 x 由 a 增加 $\varDelta x$，y 由 b 增加 $\varDelta y$，

則 z 僅增加 $\dfrac{\partial z}{\partial x}\varDelta x + \dfrac{\partial z}{\partial y}\varDelta y$」。

因爲 $\dfrac{\partial z}{\partial x}\varDelta x$ 表示「y 固定爲 b 時，於 x 方向的增加量」。

$\dfrac{\partial z}{\partial y}\varDelta y$ 表示「x 固定爲 a 時，於 y 方向的增加量」，因此「$z = f(x,y)$」的增加量可分解爲 x 方向的增加量與 y 方向的增加量之和」。

$$\varDelta z = \frac{\partial z}{\partial x}\varDelta x + \frac{\partial z}{\partial y}\varDelta y$$

195

將⑦式理想化（瞬間化）後，可得，

$$dz = \frac{\partial z}{\partial x}\, dx + \frac{\partial z}{\partial y}\, dy \qquad ——⑧$$

或

$$df = f_x\, dx + f_y\, dy \qquad ——⑨$$

（變化：⊿ → d）

> ⑧式和⑨式稱為「全微分※公式」。

若用言語來解釋上述公式，則為

（曲面高度的增加量）＝（x 方向的偏微分係數）×（x 方向的增加量）
　　　　　　　　　　＋（y 方向的偏微分係數）×（y 方向的增加量）

以「例題 4」來看看全微分的算式。

將單位適當地變換，設狀態方程式為 $T = PV$。

$$\frac{\partial T}{\partial P} = \frac{\partial(PV)}{\partial P} = V \,、\, \frac{\partial T}{\partial V} = \frac{\partial(PV)}{\partial V} = P$$

因此，全微分的式子可寫成 $dT = VdP + PdV$。

若回到近似式，則可寫成 $\underset{近似}{\varDelta T \sim} V\,\varDelta P + P\,\varDelta V$。

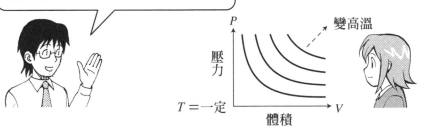

> 意即：在理想氣體中，溫度的增加量以體積×（壓力的增加量）＋壓力×（體積的增加量）來計算。

P
壓力
$T =$ 一定
體積
V
變高溫

※全微分：Total Differential。

5 於極值條件的應用

第3堂課

噹噹噹噹

算田町真是個好地方，幾乎沒什麼改變。

！

Z
y
極大點
x

什麼！已經開始上課了嗎？

無力

若將那座山視為二元函數，則山頂即為極大點。

二元函數 $f(x,y)$ 之極值所指的是位於圖形的頂端或谷底。

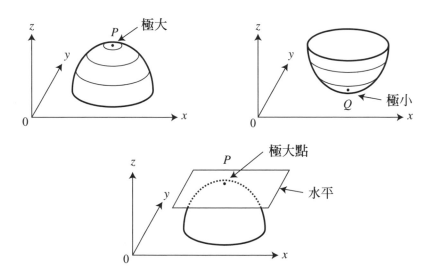

此時，由於切於 P 與切於 Q 的平面和 $x-y$ 平面平行，因此近似一次函數

$$f(x,y) \underset{近似}{\sim} p(x-a) + q(y-b) + f(a,b) \quad 中，$$

理應 $p = q = 0$。

此處，$p = \dfrac{\partial f}{\partial x}(= f_x)$、$q = \dfrac{\partial f}{\partial y}(= f_y)$，因此可得知極值條件為，※註3

若 $f(x,y)$ 於 $(x,y) = (a,b)$ 取極值，則

$$f_x(a,b) = f_y(a,b) = 0，$$

或

$$\frac{\partial f}{\partial x}(a,b) = \frac{\partial f}{\partial y}(a,b) = 0 。$$

※註3：此條件無法逆推。也就是說，無法判定是否 $f_x(a,b) = f_y(a,b) = 0$，則於 $(x,y) = (a,b)$ 可取得 f 的極值。因此，根據此條件，頂多只能說是「極值的候補」。

若為二元函數的極點，
則 x 方向及 y 方向兩個偏微
分係數為 0。

例 試求 $f(x,y) = (x-y)^2 + (y-2)^2$ 之極小值。若先講答案，則由於
$(x-y)^2 \geqq 0$，　$(y-2)^2 \geqq 0$，因此
$$f(x,y) = (x-y)^2 + (y-2)^2 \geqq 0 。$$
在此代入 $x = y = 2$ 後，則由
$$f(2,2) = (2-2)^2 + (2-2)^2 = 0 ，$$
所有的 (x,y) 均符合 $f(x,y) \geqq f(2,2)$ 。意即 $(x,y) = (2,2)$ 時，可取得

$f(x,y)$ 的最小值 0。

那麼，由 $\dfrac{\partial f}{\partial x} = 2(x-y)$

$\dfrac{\partial f}{\partial y} = 2(x-y)(-1) + 2(y-2) = -2x + 4y - 4$，

因為 $\dfrac{\partial f}{\partial x} = \dfrac{\partial f}{\partial y} = 0$，可得

$$\begin{cases} 2x - 2y = 0 \\ -2x + 4y - 4 = 0 \end{cases}$$

解開此聯立方程式後，確實可得 $(x,y) = (2,2)$ 。

確實符合呢！

6 將偏微分應用於經濟

有位美國伊利諾州選出的參議員——保羅道格拉斯，任職於 1949 年至 1966 年。

其實他原本是經濟學者，於 1927 年時提出了資本和勞動中，有關國民所得分配的問題。

那麼該怎麼分配呢？

表示 1 年內的國內總生產量的國內生產毛額（GDP），分配給國民的途徑大致上分為兩種。

第 1 種途徑是對勞動支付工資。

第 2 種途徑是對機械及設備等資本的所有人支付股息。

※保羅道格拉斯：Paul Douglas。

道格拉斯調查了美國的情況後，發現其分配率在約 40 年內大都維持一定的數值。

國內生產毛額約七成（0.7）是對勞動支付的工資，另外三成（0.3）才是對資本所有人支付的股息。

真不可思議呢！分配率竟然是固定的。明明經濟情勢時時刻刻都在變化呀！

妳想知道產生此結果的生產函數 $f(L,K)$ 是何種函數嗎？

煩惱不已的道格拉斯也去請教數學家查爾斯·柯布[※]。

隨後就發現了聞名瑕邇的「柯布－道格拉斯」型函數。

柯布－道格拉斯型函數

$$f(L,K)=\beta L^{\alpha} K^{1-\alpha}$$

嗯……可以再多講一些關於我的工資的事嗎？

接著就來證明吧！這會應用到目前為止所學的內容。

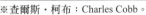
※查爾斯·柯布：Charles Cobb。

201

首先，設勞動 1 單位的工資為 w，資本 1 單位所分配的股息為 r。現在，將國家視為一家企業，再設生產函數為 $f(L, K)$，則利潤 Π 為

$$\Pi = f(L, K) - wL - rK。$$

由於企業會選擇可以讓利潤最大化的勞動力 L 及資本量 K，因此由極值條件可知，

$$\frac{\partial \Pi}{\partial L} = \frac{\partial \Pi}{\partial K} = 0 \text{ 會成立。}$$

$$0 = \frac{\partial \Pi}{\partial L} = \frac{\partial f}{\partial L} - \frac{\partial(wL)}{\partial L} - \frac{\partial(rK)}{\partial L} = \frac{\partial f}{\partial L} - w \Leftrightarrow w = \frac{\partial f}{\partial L} \quad\quad ①$$

$$0 = \frac{\partial \Pi}{\partial K} = \frac{\partial f}{\partial K} - \frac{\partial(wL)}{\partial K} - \frac{\partial(rK)}{\partial K} = \frac{\partial f}{\partial K} - r \Leftrightarrow r = \frac{\partial f}{\partial K} \quad\quad ②$$

換句話說，

（工資）＝（對生產函數 L 的偏微分）。

（資本的股息）＝（對生產函數 K 的偏微分）。

此外，國民因勞動而領取的報酬為（工資）×（勞動量）＝ wL。

這佔了生產量的七成，因此

$$wL = 0.7f(L, K) \quad\quad ③$$

同理，資本所有人應領取的報酬為

$$rK = 0.3f(L, K) \quad\quad ④$$

由①式和③式，可得

$$\frac{\partial f}{\partial L} \times L = 0.7f(L, K) \quad\quad ⑤$$

由②式和④式，可得

$$\frac{\partial f}{\partial K} \times K = 0.3f(L, K) \quad\quad ⑥$$

數學家柯布解開了符合上述條件而成立的 $f(L, K)$。柯布發現的函數為

$$f(L, K) = \beta L^{0.7} K^{0.3}。$$

（β 以正的參數表示技術水準）

我們來確認看看，是否確實正確。

$$\frac{\partial f}{\partial L} \times L = \frac{\partial (\beta L^{0.7} K^{0.3})}{\partial L} \times L = 0.7\beta L^{(-0.3)} K^{0.3} \times L^1$$

$$= 0.7\beta L^{0.7} K^{0.3}$$

$$= 0.7f (L, K)$$

$$\frac{\partial f}{\partial K} \times K = \frac{\partial (\beta L^{0.7} K^{0.3})}{\partial K} \times K = 0.3\beta L^{0.7} K^{(-0.7)} \times K^1$$

$$= 0.3\beta L^{0.7} K^{0.3}$$

$$= 0.3f (L, K)$$

真的耶！
確實會成立。

像國家這麼大規模的
經濟中所潛藏的不可
思議法則，用偏微分
就可以了解了哦！

原來我們現在享有
的生活和豐裕的水
準，都與偏微分息
息相關呢！

對多變數合成函數偏微分的公式稱為連鎖律[※]

1 變數的合成函數先前曾學習過。（在第 14 頁喲！）

$y = f(x), z = g(y), z = g(f(x)), (g(f(x)))' = g'(f(x))f'(x)$

在此，要做出對多變數的合成函數的偏微分公式（連鎖律）。

設 z 為 x 和 y 的二元函數，以 $z = f(x, y)$ 表示，設 x 和 y 分別為 t 的一元函數，並以 $x = a(t), y = b(t)$ 表示。此時，z 可如下圖所示，僅表示為 t 的函數。

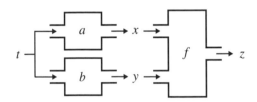

寫成算式，則為

$$z = f(x, y) = f(a(t), b(t))$$

此時，$\dfrac{dz}{dt}$ 為變成如何呢？

設 $t = t_0$ 時，$a(t_0) = x_0$，$b(t_0) = y_0$，$f(x_0, y_0) = f(a(t_0), b(t_0)) = z_0$，一如往常，只思考 t_0、x_0、y_0、z_0 的極接近值。

若要求出滿足 $z - z_0 \underset{近似}{\sim} \alpha \times (t - t_0)$ 的 α，　　　　——①

則可得 $\dfrac{dz}{dt}(t_0)$。

首先，由函數 $x = a(t)$ 的微分，可得

$$x - x_0 \underset{近似}{\sim} \frac{da}{dt}(t_0)(t - t_0)$$　　　　——②

※連鎖率：Chain Rule。

同樣，由 $y = b(t)$ 的微分，可得

$$y - y_0 \underset{近似}{\sim} \frac{db}{dt}(t_0)\,(t - t_0) \qquad\qquad ③$$

接下來，由二元函數 $f(x, y)$ 的全微分公式，可得

$$z - z_0 \underset{近似}{\sim} \frac{\partial f}{\partial x}(x_0, y_0)\,(x - x_0) + \frac{\partial f}{\partial y}(x_0, y_0)\,(y - y_0) \qquad ④$$

若於④式中代入②式和③式，

$$z - z_0 \underset{近似}{\sim} \frac{\partial f}{\partial x}(x_0, y_0)\frac{da}{dt}(t_0)\,(t - t_0) + \frac{\partial f}{\partial y}(x_0, y_0)\frac{db}{dt}(t_0)\,(t - t_0)$$

$$= \left(\frac{\partial f}{\partial x}(x_0, y_0)\frac{da}{dt}(t_0) + \frac{\partial f}{\partial y}(x_0, y_0)\frac{db}{dt}(t_0) \right)(t - t_0) \qquad ⑤$$

比較①式和⑤式，可得

$$\alpha = \frac{\partial f}{\partial x}(x_0, y_0)\frac{da}{dt}(t_0) + \frac{\partial f}{\partial y}(x_0, y_0)\frac{db}{dt}(t_0)\ ,$$

由此可得到欲求出的內容，並可得下述公式。

公式 6-1 | 連鎖律公式

$z = f(x, y)$，$x = a(t)$，$y = b(t)$ 時，

$$\frac{dz}{dt} = \frac{\partial f}{\partial x}\frac{da}{dt} + \frac{\partial f}{\partial y}\frac{db}{dt}$$

這次請讓我來教你。

可以呀！我也好久沒當學生了。

那麼，請運用目前所學到的多元函數來思考看看。

關於環境的問題！

目前，工廠在生產商品時，所產生的廢棄物汙染海洋，使漁獲量大減的事件時所有聞。

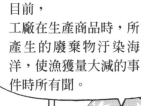

工廠

諸如此類，一間企業的生產活動不經由市場而影響到其他部門的情況，就稱為「外部性※1」，尤其是像公害等的負面外部性情況則稱為「外部不經濟※2」。

工廠

現在，設工廠雇用的勞動量為 x，所生產的商品量為 $f(x)$，同時，向海洋排放出 $b = b(f(x))$ 的廢棄物。漁業的漁獲量因而受影響，那麼，

※1 外部性：Externality。　　　　　※2 外部不經濟：External Diseconomics。

206

設漁獲量為勞動量 y 和汙染物 b 的二元函數，以 $g(y,b)$ 來表示（在此，隨著 b 的增加，漁獲量 $g(y,b)$ 會減少，也就是說 $\dfrac{\partial g}{\partial b}$ 為負數）。

可得 $g(y,b) = g(y,b(f(x)))$，由於包含變數 x，因此工廠的生產會不經由市場而影響漁業。這就是外部性。

首先，來看看只考慮工廠和漁業本身的利益（利己的）來行動的情況下，會變成怎樣。設工廠和漁業的工資均為 w，工廠的商品價格為 p，魚的價格為 q，則工廠的利潤 Π_1 為

$$\Pi_1(x) = pf(x) - wx \qquad\qquad ①$$

因此，工廠要使此利潤最大化。其極值條件為

$$\frac{d\Pi_1}{dx} = pf'(x) - w = 0 \Leftrightarrow pf'(x) = w \qquad ②$$

設滿足此條件的 x 為 $x*$。也就是，

$$pf'(x*) = w \qquad\qquad ③$$

因此 $x*$ 為工廠雇用的勞動量，而商品的生產量為 $f(x*)$，廢棄物的量為

$$b* = b(f(x*))。$$

接下來，漁業的利潤 Π_2 為

$$\Pi_2 = qg(y,b) - wy，$$

然而由於工廠排放出的廢棄物已定為 $b* = b(f(x*))$，因此

$$\Pi_2 = qg(y,b*) - wy \qquad\qquad ④$$

實際上為 y 的一元函數。為了使 Π_2 最大化，僅採用二元函數的極值條件的 y 即可，

$$\frac{\partial \Pi_2}{\partial y} = q\frac{\partial g}{\partial y}(y,b*) - w = 0 \Leftrightarrow q\frac{\partial g}{\partial y}(y,b*) = w \qquad ⑤$$

因此，最適勞動投入量 $y*$ 滿足 $q\dfrac{\partial g}{\partial y}(y*,b*) = w$ \qquad ⑥

統整上述內容後…

此模型中，自由經濟行動下的工廠、漁業生產量爲滿足

$$pf'(x^*) = w \qquad\qquad ③$$

$$b^* = b(f(x^*))\,、q\frac{\partial g}{\partial y}(y^*, b^*) = w \qquad\qquad ⑥$$

的 x^*，而設在 y^* 之下，生產的商品量爲 $f(x^*)$，漁獲量爲 $g(y^*, b^*)$，

那麼，請來看看這對於「全體社會」
是否爲最佳情況。

若考量到工廠和漁業兩者，則理應使
兩者利益合計的
$$\Pi_3 = pf(x) + qg(y, b(f(x))) - wx - wy$$
爲最大化。

由於 Π_3 爲 x 和 y 的二元函數，因此極値條件爲

$$\frac{\Pi_3}{\partial x} = \frac{\Pi_3}{\partial y} = 0 \,。$$

第 1 個偏微分爲

$$\frac{\partial \Pi_3}{\partial x} = pf'(x) + q\frac{\partial g(y, b(f(x)))}{\partial x} - w$$

$$= pf'(x) + q\frac{\partial g}{\partial x}(y, b(f(x)))\ b'(f(x))f'(x) - w$$

（此處使用連鎖率）

因此，

$$\frac{\partial \Pi_3}{\partial x} = 0 \Leftrightarrow \left(p + q\frac{\partial g}{\partial x}(y, b(f(x)))b'(f(x))\right)f'(x) = w \qquad ⑦$$

同理，

$$\frac{\partial \Pi_3}{\partial y} = 0 \Leftrightarrow q\frac{\partial g}{\partial y}(y, b(f(x))) = w \qquad\qquad ⑧$$

因此，若設工廠為 x^{**}，漁業為 y^{**}，此時的最適勞動投入量會滿足

$$\left(p + q\frac{\partial g}{\partial b}(y^{**}, b(f(x^{**})))\, b'(f(x^{**})) \right) f'(x^{**}) = w \qquad ⑨$$

$$q\frac{\partial g}{\partial y}(y^{**}, b(f(x^{**}))) = w \qquad\qquad ⑩$$

雖然看似很複雜，但簡而言之就是此二變數的聯立方程式的解。

和剛才的「利己的行動」的方程式③式和⑥式相比，⑥式和⑩式雖然相同，但顯然③式和⑨式是相異的。那麼是哪裡不同呢？

$$p \times f'(x^*) = w \qquad\qquad ③$$

$$\downarrow$$

$$(p + ♥) \times f'(x^{**}) = w \qquad\qquad ⑪$$

不同之處是因為出現了♥的部分。

由於 $\left(♥ = q\dfrac{\partial g}{\partial b} b'(f(x^{**})) \right)$ 為負數，因此 $p + ♥$ 小於 p。如此一來，

$\uparrow$ （負數）

為了相乘後得到相同的 w，$f'(x^{**})$ 必須比 $f'(x^*)$ 大。

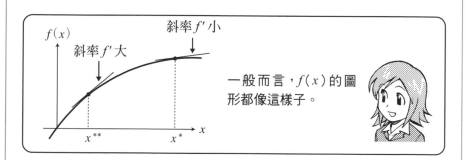

一般而言，$f(x)$ 的圖形都像這樣子。

原來表示利己行動的需求曲線和供給曲線的交點，即為社會利益的最大值※，然而如同此例，如果是發生公害等外部不經濟時，便不全然如此。

為了社會的利益，工廠必須將利己行動時的生產量 x^* 減少至 x^{**}。

※請參見第 105 頁。

那麼，有什麼好方法可以讓工廠自發性地從 x^* 減產至 x^{**} 呢？

若由國家下令減產就會變成計劃經濟，也就是社會主義。

那麼，其他的好方法也就是徵收稅金了。

稅　金

工廠在生產時，徵收某比例的稅金。

這就稱為環境稅。

稅　稅

工廠

另外也有人主張對排碳量課稅，也就是課徵碳稅以防止地球暖化。

碳　碳

稅

工廠

如此一來,利已行動的利潤①就會如下。

$$\prod_1(x)=pf(x)-wx-(-\heartsuit f(x)) \quad\text{——}⑫$$

將此最大化的極值條件爲

$$\frac{\partial\prod_1}{\partial x}=pf'(x)-w+\heartsuit f'(x)=0\Leftrightarrow(p+\heartsuit)f'(x)=w \quad\text{——}⑬$$

由於⑬和⑨爲相同的方程式,因此工廠的生產量可使社會利益最大化。

現在的情況,設對工廠的商品每單位僅課徵(−♥)的稅金。

$$(-\heartsuit=-q\frac{\partial g}{\partial b}b'(f(x^{**}))$$

：這是正的常數

普通的稅(所得稅、消費稅等)是爲了公共投資而課徵,

環境稅則是利用稅金來控制經濟社會,以期保有良好環境。

關,你理解了嗎?

211

是，
老師。

數學真是
太有趣了。

幾天後——

呼

搬家的行李差不多都整理好了。

搬家中心

搬家中心

引間，
這個……

人事異動

人事異動……我也要人事異動嗎？不是只有你嗎？

增井也要異動。

我已經跟他說過了。

其實是算田町支社要關閉了。

異動處已寄出
通知。

該不會要去沖
繩工作吧！

異動至沖繩支社…

我還以爲我們
報社沒有沖繩
支社呢！

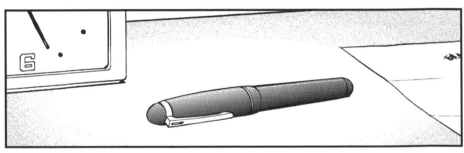

6

這個就做爲餞別之
禮吧！
請用這個寫出好
新聞。

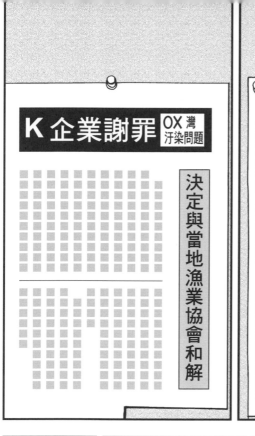

K企業謝罪
○X灣汙染問題

決定與當地漁業協會和解

連載 環境和經濟

搬家中心

搬家中心

再見…

【隱函數的導函數】

對於二元函數 $f(x,y)$，使其值爲一定值 c 的點 (x,y)，可畫出 $f(x,y)=c$ 的圖形。若僅取此圖形的一部分來解一元函數 $y=h(x)$ 時，則將此稱爲「隱函數※」。隱函數 $h(x)$ 在被定義的 x 全體中，爲滿足 $f(x,h(x))=c$ 者。此時，試求 $h(x)$ 的導函數。

設 $z=f(x,y)$，則由全微分公式，可得 $dz=f_x\,dx+f_y\,dy$。若 (x,y) 在 $f(x,y)=c$ 的圖形上移動，則函數 $f(x,y)$ 的值不會改變，由於 z 的增加量爲 0，因此 $dz=0$。再由全微分公式，可得 $0=f_x\,dx+f_y\,dy$，假設 $f_y\neq0$，則將此式變形後，可得 $\dfrac{dy}{dx}=-\dfrac{f_x}{f_y}$。由於左式在圖形上的點是 y 的增加量以 x 的增加量來除的理想算式，其實就是表示 $h(x)$ 的微分係數。因此，

$$h'(x)=-\frac{f_x}{f_y}$$

例 $f(x,y)=x^2+y^2$ 時，$f(x,y)=r^2$ 爲以交點爲中心的半徑爲 r 的圓。此時，滿足 $x^2\neq r^2$ 的點 (x,y) 附近，$f(x,y)=x^2+y^2=r^2$ 可解開隱函數 $y=h(x)=\sqrt{r^2-x^2}$ 或 $y=h(x)=-\sqrt{r^2-x^2}$。此時，由公式可導出導函數如下式。

$$h'(x)=-\frac{f_x}{f_y}=-\frac{x}{y}$$

第6章 練 習 問 題

1. 試求 $f(x,y)=x^2+2xy+3y^2$ 的 f_x 和 f_y。

2. 在重力加速度 g 之下，長度 L 的鐘擺之周期 T 爲 $T=2\pi\sqrt{\dfrac{L}{g}}$（可得知重力加速度 g 隨距地面的高度不同會有所變化）。
　⑴請做出 T 的全微分公式。
　⑵若 L 增長 1%，g 縮小 2%，則 T 大致會變大多少%？

3. 試利用連鎖律求出 $f(x,y)=c$ 的隱函數 $h(x)$ 的微分公式。

※隱函數：Implicit Function。

數學為何存在？

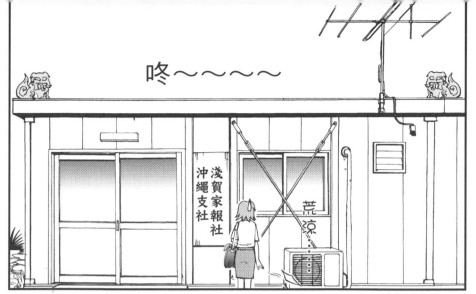

咚～～～～

淺賀家報社
沖繩支社

荒涼…

有種似曾相識的感覺！

開門

哇！

果然

你該不會是沖繩支社長吧？

怎麼可能，我也是剛剛才從機場來的。

是哦！太好了！

那也不要剛來就開始睡嘛！

支社長呢？

噠噠噠

219

婆婆，請問妳知道這間報社的負責人是誰嗎？

啊！
如果是那個人的話，他總是在海裡呢！

游……

沙沙沙

你們兩個都來啦！

關！

關！

最後還是決定到這溫暖的地方再待一年，慢慢思考一些事情。

太棒了！
我要把沖繩吃遍！

關，
我……已經明白為什麼要有數學了。

為什麼呢？

221

為了傳達用言語無法表達的事。

對了，如果把那個水平線設為 x 軸……

咦？

今晚要吃什麼呢？涼麵好像很不錯。

明天也是好天氣吧！

熱鬧

〈終〉

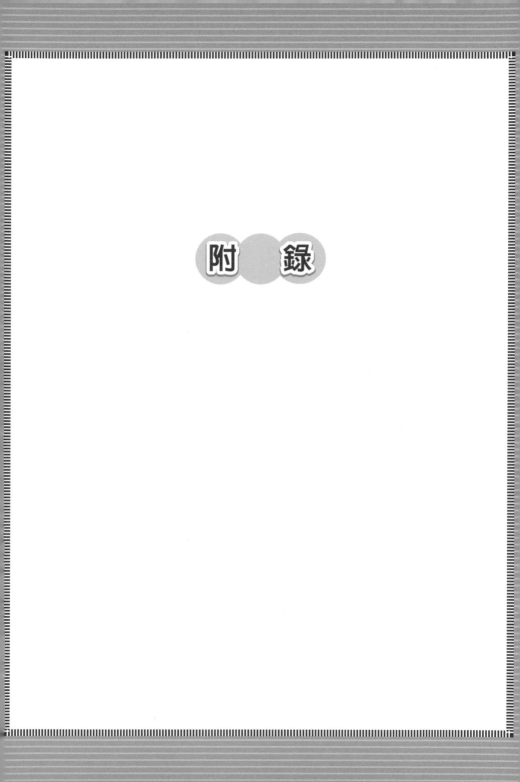

附　錄

序章

1. 將 $z = 7y - 30$ 代入 $y = \dfrac{5}{9}(x - 32)$ ，則 $z = \dfrac{35}{9}(x - 32) - 30$

第 1 章

1. (1) $f(5) = g(5) = 50$　　(2) $f'(5) = 8$

2. $\displaystyle\lim_{\varepsilon \to 0} \frac{f(a + \varepsilon) - f(a)}{\varepsilon} = \lim_{\varepsilon \to 0} \frac{(a + \varepsilon)^3 - a^3}{\varepsilon} = \lim_{\varepsilon \to 0} \frac{3a^2\varepsilon + 3a\varepsilon^2 + \varepsilon^3}{\varepsilon}$

$\qquad\qquad\qquad\qquad\quad = \displaystyle\lim_{\varepsilon \to 0}(3a^2 + 3a\varepsilon + \varepsilon^2) = 3a^2$

因此，$f(x)$ 的導函數爲 $f'(x) = 3x^2$

第 2 章

1. $f'(x) = -\dfrac{(x^n)'}{(x^n)^2} = -\dfrac{nx^{n-1}}{x^{2n}} = -\dfrac{n}{x^{n+1}}$

2. $f'(x) = 3x^2 - 12 = 3(x - 2)(x + 2)$

若 $x < -2$，則 $f'(x) > 0$；若 $-2 < x < 2$，則 $f'(x) < 0$；若 $2 < x$，則 $f'(x) > 0$。因此，$x = -2$ 時有極大值 $f(-2) = 16$，$x = 2$ 時有極小值 $f(2) = -16$。

3. (1) 由於 $f(x) = (1 - x)^3$ 爲 $g(x) = x^3$ 及 $h(x) = 1 - x$ 所合成的 $g(h(x))$，因此，

$\qquad f'(x) = g'(h(x))h'(x) = 3(1 - x)^2(-1) = -3(1 - x)^2$

(2) 將 $g(x) = x^2(1 - x)^3$ 微分後，得

$\qquad\begin{aligned} g'(x) &= (x^2)'(1 - x)^3 + x^2((1 - x)^3)' \\ &= 2x(1 - x)^3 + x^2(-3(1 - x)^2) \\ &= x(1 - x)^2(2(1 - x) - 3x) \\ &= x(1 - x)^2(2 - 5x) \end{aligned}$

因此，$x = \dfrac{2}{5}$ 時有最大值 $f\left(\dfrac{2}{5}\right) = \dfrac{108}{3125}$

第 3 章

1. (1) $\displaystyle\int_1^3 3x^2 dx = 3^3 - 1^3 = 26$

(2) $\displaystyle\int_2^4 \frac{x^3 + 1}{x^2} dx = \int_2^4 x + \frac{1}{x^2} dx = \int_2^4 x dx + \int_2^4 \frac{1}{x^2} dx$

$$= \frac{1}{2}(4^2 - 2^2) - \left(\frac{1}{4} - \frac{2}{4}\right) = \frac{25}{4}$$

(3) $\displaystyle\int_0^5 x + (1 + x^2)^7 dx + \int_0^5 x - (1 + x^2)^7 dx = \int_0^5 2x dx = 5^2 - 0^2 = 25$

2. (1) $y = f(x) = x^2 - 3x$ 的圖表和 x 軸所圍成的面積 $= -\displaystyle\int_0^3 x^2 - 3x dx$

(2) $-\displaystyle\int_0^3 x^2 - 3x dx = -\frac{1}{3}(3^3 - 0^3) + \frac{3}{2}(3^2 - 0^2) = \frac{9}{2}$

第 4 章

1. (1) $(\tan x)' = \left(\dfrac{\sin x}{\cos x}\right)' = \dfrac{(\sin x)'\cos x - \sin x(\cos x)'}{\cos^2 x}$

$$= \frac{\cos^2 x + \sin^2 x}{\cos^2 x} = \frac{1}{\cos^2 x}$$

(2) 由於 $(\tan x)' = \dfrac{1}{\cos^2 x}$，則

$$\int_0^{\frac{\pi}{4}} \frac{1}{\cos^2 x} dx = \tan\frac{\pi}{4} - \tan 0 = 1$$

2. 由 $f'(x) = (x)'e^x + x(e^x)' = e^x + xe^x = (1 + x)e^x$，可得

最小值為 $f(-1) = -\dfrac{1}{e}$

3. 設 $f(x) = x^2$，$g(x) = \log x$ 的部分積分。

$$\int_1^e (x^2)'\log x dx + \int_1^e x^2(\log x)' dx = e^2 \log e - \log 1$$

因此，$\displaystyle\int_1^e 2x \log x dx + \int_1^e x^2 \frac{1}{x} dx = e^2$

$$\int_1^e 2x \log x dx = -\int_1^e x dx + e^2 = -\frac{1}{2}(e^2 - 1) + e^2 = \frac{1}{2}e^2 + \frac{1}{2}$$

第 5 章

1. 若 $f(x) = e^{-x}$，則 $f'(x) = -e^{-x}$，$f^{(2)}(x) = e^{-x}$，
由 $f^{(3)}(x) = -e^{-x}$、……等，可得，

$$f(x) = 1 - x + \frac{1}{2!}x^2 - \frac{1}{3!}x^3 + \cdots$$

2. 將 $f(x) = (\cos x)^{-1}$ 微分。則 $f'(x) = (\cos x)^{-2}\sin x$、

$$f^{(2)}(x) = 2(\cos x)^{-3}(\sin x)^2 + (\cos x)^{-2}\cos x$$
$$= 2(\cos x)^{-3}(\sin x)^2 + (\cos x)^{-1}$$

也就是，由 $f(0) = 1$，$f'(0) = 0$，$f^{(2)}(0) = 1$，

則可得二次近似為 $f(x) = 1 + \frac{1}{2}x^2$

3. 只要使用和漫畫完全相同的計算方式即可。也就是依序微分後，代入 $x = a$ 即可。

第 6 章

1. 若 $f(x,y) = x^2 + 2xy + 3y^2$，則 $f_x = 2x + 2y$，$f_y = 2x + 6y$

2. $T = 2\pi\sqrt{\dfrac{L}{g}} = 2\pi g^{-\frac{1}{2}}L^{\frac{1}{2}}$ 的全微分式為，

$$dT = \frac{\partial T}{\partial g}dg + \frac{\partial T}{\partial L}dL = -\pi g^{-\frac{3}{2}}L^{\frac{1}{2}}dg + \pi g^{-\frac{1}{2}}L^{-\frac{1}{2}}dL$$

因此，$\varDelta T \sim -\pi g^{-\frac{3}{2}}L^{\frac{1}{2}}\varDelta g + \pi g^{-\frac{1}{2}}L^{-\frac{1}{2}}\varDelta L$

在此，代入 $\varDelta g = -0.02g$，$\varDelta L = -0.01L$，可得

$$\varDelta T \sim 0.02\pi g^{-\frac{3}{2}}L^{\frac{1}{2}}g + 0.01\pi g^{-\frac{1}{2}}L^{-\frac{1}{2}}L = 0.03\pi g^{-\frac{1}{2}}L^{\frac{1}{2}} = 0.03\frac{T}{2}$$
$$= 0.015T$$

3. 設 $f(x,y) = c$ 的隱函數為 $y = h(x)$，則接近 x 時，$f(x, h(x)) = c$
因此，由於此範圍內左式為常數函數，

則由 $\dfrac{df}{dx} = 0$ 的連鎖律公式，可得 $\dfrac{df}{dx} = f_x + f_y h'(x) = 0$。

因此，$h'(x) = -\dfrac{f_x}{f_y}$

附錄 B 本書使用的主要公式・定理・函數

■ 一次方程式（一次函數）

通過點 (a, b) ，且斜率為 m 的直線方程式為

$$y = m(x - a) + b$$

■ 微　分

◇微分係數

$$f'(a) = \lim_{h \to 0} \frac{f(a + h) - f(a)}{h}$$

◇導函數

$$f'(x) = \lim_{h \to 0} \frac{f(x + h) - f(x)}{h}$$

其他的導函數記號

$$\frac{dy}{dx} , \frac{df}{dx} , \frac{d}{dx} f(x)$$

◇常數倍

$$\{\alpha f(x)\}' = \alpha f'(x)$$

◇ n 次函數的導函數

$$\{x^n\}' = n x^{n-1}$$

◇和的微分

$$\{f(x) + g(x)\}' = f'(x) + g'(x)$$

◇積的微分

$$\{f(x)g(x)\}' = f'(x)g(x) + f(x)g'(x)$$

◇商的微分

$$\left\{ \frac{g(x)}{f(x)} \right\}' = \frac{g'(x)f(x) - g(x)f'(x)}{\{f(x)\}^2}$$

◇合成函數的微分

$$\{g(f(x))\}' = g'(f(x)) f'(x)$$

◇反函數的微分

$y = f(x), \ x = g(y)$ 時，

$$g'(y) = \frac{1}{f'(x)}$$

◇極　值

若 $y = f(x)$ 在 $x = a$ 時，為極大點或極小點，則 $f'(a) = 0$

設 $f'(a) > 0$ 的 $x = a$ 的極接近值時，$y = f(x)$ 為增加狀態

設 $f'(a) < 0$ 的 $x = a$ 的極接近值時，$y = f(x)$ 為減少狀態

◇平均值定理

設 $a, b\,(a < b)$ ，而 ζ 為 $a < \zeta < b$ 則，

$$f(b) = f'(\zeta)\,(b - a) + f(a)$$

■ 著名函數的微分

◇三角函數

$$\{\cos\theta\}' = -\sin\theta,\ \{\sin\theta\}' = \cos\theta$$

◇指數函數　　　　　　　◇對數函數

$$\{e^x\}' = e^x \qquad\qquad \{\log x\}' = \frac{1}{x}$$

■ 積　分

◇定積分　　　　　　　　◇定積分的區間接續

$$F'(x) = f(x)\ \text{時} \qquad \int_a^b f(x)dx + \int_b^c f(x)dx = \int_a^c f(x)dx$$

$$\int_a^b f(x)dx = F(b) - F(a)$$

◇定積分的和

$$\int_a^b \{f(x) + g(x)\}\,dx = \int_a^b f(x)dx + \int_a^b g(x)dx$$

◇定積分的常數倍

$$\int_a^b \alpha f(x)dx = \alpha \int_a^b f(x)dx$$

◇代換積分

$$x = g(y),\, b = g(\beta),\, a = g(\alpha)\ \text{時,}$$

$$\int_a^b f(x)dx = \int_\alpha^\beta f(g(y)\,)g'(y)dy$$

◇部分積分

$$\int_a^b f'(x)g(x)dx + \int_a^b f(x)g'(x)dx = f(b)g(b) - f(a)g(a)$$

■ 泰勒展開式

$f(x)$ 在 $x = a$ 的極接近值時做泰勒展開式，

$$f(x) = f(a) + \frac{1}{1!} f'(a) (x - a) + \frac{1}{2!} f''(a) (x - a)^2$$

$$+ \frac{1}{3!} f'''(a) (x - a)^3 + \cdots\cdots + \frac{1}{n!} f^{(n)} (a) (x - a)^{(n)} + \cdots$$

◇各種函數的泰勒展開式

$$\cos x = 1 - \frac{1}{2!} x^2 + \frac{1}{4!} x^4 + \cdots\cdots + (-1)^n \frac{1}{(2n)!} x^{2n} + \cdots$$

$$\sin x = x - \frac{1}{3!} x^3 + \frac{1}{5!} x^5 + \cdots\cdots + (-1)^{n-1} \frac{1}{(2n-1)!} x^{2n-1} + \cdots$$

$$e^x = 1 + \frac{1}{1!} x + \frac{1}{2!} x^2 + \frac{1}{3!} x^3 + \frac{1}{4!} x^4 + \cdots\cdots + \frac{1}{n!} x^n + \cdots$$

$$\log(1 + x) = x - \frac{1}{2} x^2 + \frac{1}{3} x^3 - \frac{1}{4} x^4 + \cdots\cdots + (-1)^{n+1} \frac{1}{n} x^n + \cdots$$

■ 偏微分

◇偏微分

$$\frac{\partial f}{\partial x} = \lim_{h \to 0} \frac{f(x + h, y) - f(x, y)}{h}$$

$$\frac{\partial f}{\partial y} = \lim_{k \to 0} \frac{f(x, y + k) - f(x, y)}{k}$$

◇全微分

$$dz = \frac{\partial z}{\partial x} dx + \frac{\partial z}{\partial y} dy$$

◇連鎖律公式

$z = f(x, y)$，$x = a(t)$，$y = b(t)$ 時，

$$\frac{dz}{dt} = \frac{\partial f}{\partial x} \frac{da}{dt} + \frac{\partial f}{\partial y} \frac{db}{dt}$$

索引

Note

國家圖書館出版品預行編目資料

超簡單圖解微積分 / 小島寬之著 ； 林羿妏譯. --
初版. -- 新北市：世茂出版有限公司, 2024.06
　　面；　　公分. --（科學視界；278）
　　ISBN 978-626-7446-08-9（平裝）

　　1. CST: 微積分　　2.CST: 漫畫

314.1　　　　　　　　　　　　113003413

科學視界 278

超簡單圖解微積分

作　　　者／小島寬之
譯　　　者／林羿妏
主　　　編／楊鈺儀
漫畫製作／株式会社 Becom
作　　　畫／十神真
封面設計／林芷伊
出　版　者／世茂出版有限公司
地　　　址／（231）新北市新店區民生路 19 號 5 樓
電　　　話／（02）2218-3277
傳　　　真／（02）2218-3239（訂書專線）
劃撥帳號／19911841
戶　　　名／世茂出版有限公司　單次郵購總金額未滿 500 元（含），請加 80 元掛號費
世茂官網／www.coolbooks.com.tw
排版製版／辰皓國際出版製作有限公司
印　　　刷／世和印製企業有限公司
初版一刷／2024 年 6 月

ＩＳＢＮ／978-626-7446-08-9
定　　　價／380 元

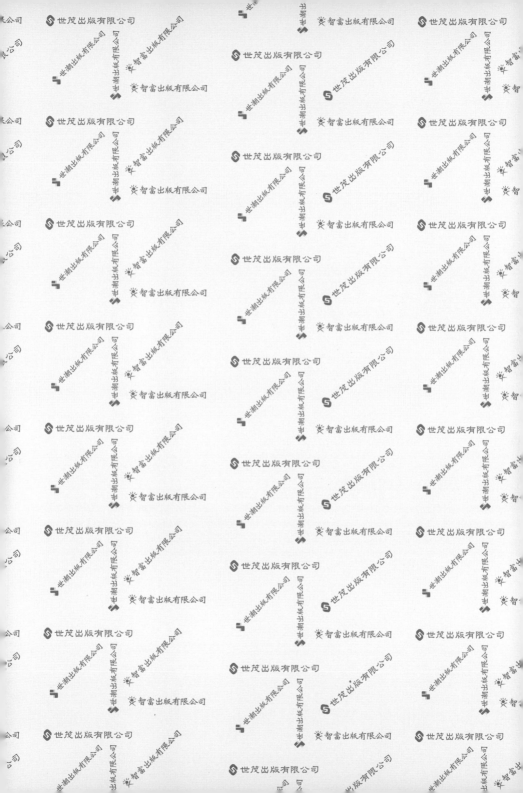